JN300823

EINSTEIN SERIES
volume 6

ブラックホールは怖くない?
ブラックホール天文学基礎編

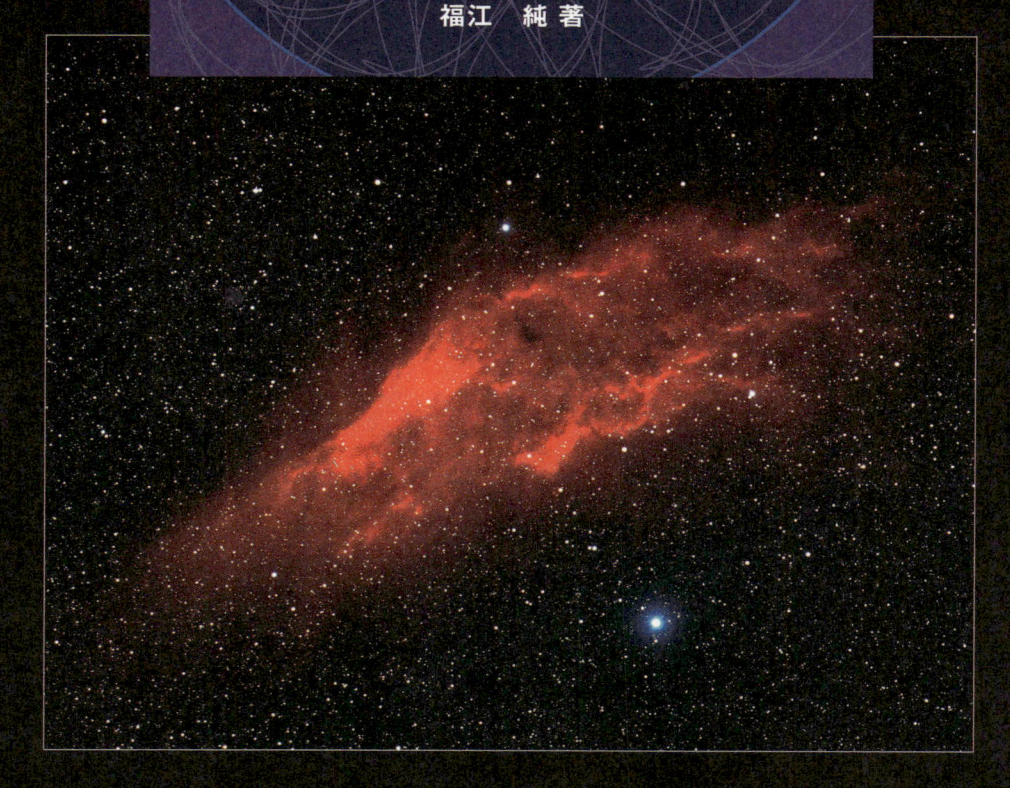

福江 純 著

恒星社厚生閣

はじめに

　ブラックホールは現代の天文学ではもはやかかせないアイテムだ．しかし，ブラックホールという名前が超有名な一方で，その実体については意外と知られていない．逆に，噂だけが独り歩きして，誤解されていることも少なくないようだ．さらにブラックホールについて学ぼうと思っても，片やオハナシだけで終わる啓蒙書，片や数式だらけの専門書で，帯に短し襷に長し，というのが現状のようだ．

　本書『ブラックホールは怖くない！』と姉妹書『ブラックホールを飼いならす？』では，ブラックホール宇宙物理学について，相対論的な考え方の基礎から，実際の宇宙における応用までを，最新の成果に基づいて紹介しようと試みた．本書は基礎編で，姉妹書は応用編だが，それぞれ独立に読めるように配慮してある．本書では，ブラックホール本人の自己紹介（第 1 章）に続いて，相対論的な考え方（第 2 章，第 3 章，第 4 章），ブラックホールの重力（第 5 章），ブラックホールのまわりでの物体の運動（第 6 章），ブラックホールのまわりでの光線の軌跡（第 7 章），まとめの旅（第 8 章）という構成でまとめてある．

　読者の理解の便を図るために，イラスト・画像・グラフや表などを多用した．また空間の歪みや光線の曲がりなど，しばしばいいかげんな説明図で済まされるようなものも，相対論を用いてきちんと計算し，その結果を，視覚的にもわかりやすく表現した．本書の性格上，数式でくどくど説明することは避けたが，簡単な式は理解の一助にもなるので，グラフを描くのに使った式や簡単な導出などは，数式コーナーとして別枠でまとめた．本文で書ききれなかった余談や趣味の話は，コラムとしてまとめた．

　高校生以上であれば，本書は十分に読めると思う．ブラックホールやブラックホール宇宙物理学に興味のある人，これから一般相対論を学ぼうとする人，さらには高校や大学において物理や天文学を教えている人たちに，本書を活用してもらえば幸いである．またもちろん，SF や SF アニメの好きな人にも本書を手に取っていただければ，ありがたい．

筆者

目　次

はじめに ……………………………………………………………………………… iii

CHAPTER1　ブラックホール前口上 ……………………………………… 1
　　容姿体格 ……………………………………………………………………… 2
　　住居生活 ……………………………………………………………………… 3
　　家族親戚 ……………………………………………………………………… 5
　　結婚人生 ……………………………………………………………………… 7
　　趣味希望 ……………………………………………………………………… 8
　　　●COLUMN1●　ブラックホールの種類と構造 ……………………… 10
　　　●COLUMN2●　ブラックホールの歴史 ………………………………… 14
　　　●COLUMN3●　おばQ定理 ……………………………………………… 16

CHAPTER2　時間と空間の統一 ………………………………………… 19
　2.1　光速度不変の原理と特殊相対論 …………………………………… 19
　2.2　高速運動での時間の遅れ ……………………………………………… 25
　2.3　4次元時空の表現 ……………………………………………………… 33
　　　●COLUMN4●　双子のパラドックスとウラシマ効果 ……………… 40
　　　●COLUMN5●　亜光速タイムマシン ………………………………… 42

CHAPTER3　エネルギーと物質の統一 ………………………………… 43
　3.1　ドップラー効果 ………………………………………………………… 43
　3.2　光行差現象 ……………………………………………………………… 50
　3.3　アインシュタインの式 ………………………………………………… 54
　　　●COLUMN6●　スターウォーズとスターボウ …………………… 61

CHAPTER4　時空とエネルギー物質の統一 …………………………… 63
　4.1　等価原理と一般相対論 ………………………………………………… 63

4.2　重力場中での時間の遅れ ………………………………………… 67
　4.3　ブラックホール時空の幾何学 …………………………………… 72
　　●COLUMN7●　物質と時空を統一した一般相対論 …………… 81
　　●COLUMN8●　重力場タイムマシン ……………………………… 82

CHAPTER5　ブラックホールの重力 …………………………………… 83
　5.1　シュバルツシルト半径 …………………………………………… 83
　5.2　重力と潮汐力 ……………………………………………………… 89
　5.3　重力エネルギー …………………………………………………… 97
　　●COLUMN9●　ブラックホールの見つけ方　その1／重力潮汐作用 … 101

CHAPTER6　ブラックホールの力学 …………………………………… 103
　6.1　自由落下運動 ……………………………………………………… 103
　6.2　円運動 ……………………………………………………………… 112
　6.3　惑星運動 …………………………………………………………… 120
　　●COLUMN10●　逆n乗の引力 …………………………………… 136

CHAPTER7　ブラックホールの光学 …………………………………… 137
　7.1　光線の彎曲 ………………………………………………………… 137
　7.2　重力赤方偏移 ……………………………………………………… 147
　7.3　ブラックホールの大きさ ………………………………………… 155
　　●COLUMN11●　ライフセーバーとフェルマーの原理 ………… 162

CHAPTER8　ブラックホールをねらえ！ ……………………………… 165
　8.1　銀河系中心探査ツアー …………………………………………… 165
　8.2　ブラックホール探査ツアー ……………………………………… 171
参考文献 ……………………………………………………………………… 177
あとがき ……………………………………………………………………… 179

CHAPTER 1
ブラックホール前口上

　吾輩はブラックホールである．ブラックは黒，ホールは穴だから，黒い穴という意味だが，"黒穴"では何とも気分が落ち着かない．考えてみるに，"黒"はともかくも，"穴"がいかんようだ．吾輩を"黒洞"と呼ぶ国もあるそうだが，"黒虚"とか"黒裂"ぐらいならまだましだったかもしれぬ．もっともブラックホールという名前は，単に宇宙に浮かぶ小石に住む二本足共が付けた名で，真名ではない．吾輩は吾輩だ．

　吾輩は宇宙の王である．吾輩はこの宇宙に活を入れている．この宇宙で起こる激しい活動は，すべてとは言わぬが，そのかなりの部分は吾輩が引き起こしているのだ．しかるに，ほんの須臾の過去に現れた小ざかしい二本足共は，宇宙の王者である吾輩を，こともあろうに〈悪者〉呼ばわりする．

　曰く，"ブラックホールのように吸い込む"．

　曰く，"ブラックホールみたいな（悪い）ヤツだ"．

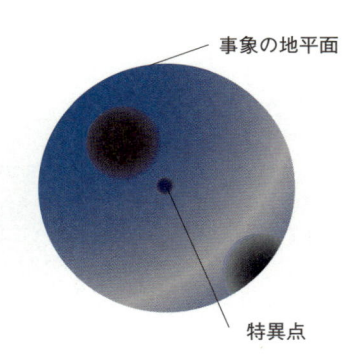

図1・1　ブラックホールのご尊顔．

とんでもない言いがかりである．確かに星を食らうことはあるが，愚かにも吾輩の傍まで近づいてきた星だけだ．吾輩はあらゆるものを破壊し食らう力をもってはいるが，動き回ってその力を振り回すわけではなく，ふだんは鎮座しているのだ．だから，吾輩の縄張りに入ってきた方が悪い．吾輩にかなうものはいないのだから，いわば自業自得である．しかも慈悲深い吾輩は，吾輩の縄張

りに入ってきた愚かなエサ共を，その一部をエネルギーに変えてやり，宇宙のために役に立たせてやっているのだ．吾輩は，悪者どころか，世の中に活を入れているという点では，むしろ善き存在だと言える．宇宙におけるエネルギーの源なのである．

容姿体格

　吾輩の体格は宇宙の横綱クラスである（図 1・2）．吾輩の体は丸い．なぜだか丸い．本当に丸い．身長も腰幅も同じだ．相撲取りで言えばアンコ型というやつだろう．しかも体重はかなりのものだ．相当重い．と言っても，実は正確な体重は知らぬ．あまりに重過ぎて，吾輩の体重を量る秤がないからだ．しかしおおざっぱな体重は知っている．家系によっても違うのだが，吾輩の仲間では，軽いヤツでも，太陽の 10 倍ぐらいの体重がある．巨人の家系では，重いヤツになると，なんと太陽の 1 億倍もの体重をもつとんでもないやつもいる．もちろん軽いヤツは背も低く，重いヤツは背も高い．太陽の 10 倍ぐらいのヤツ

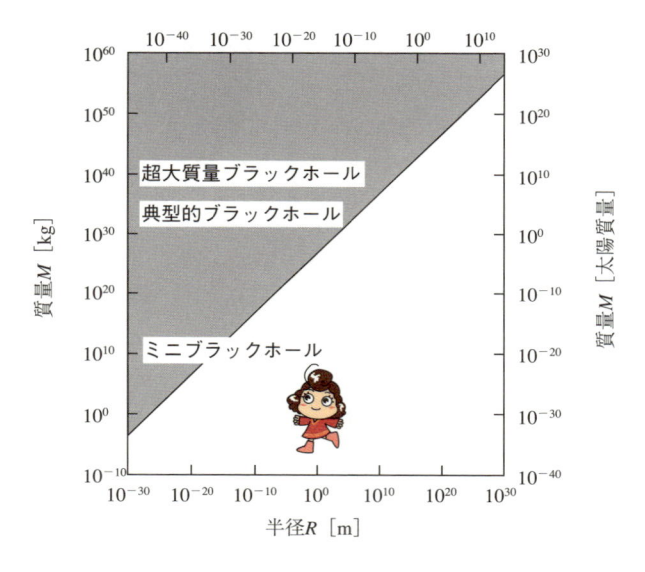

図 1・2　ブラックホールの身長と体重の関係：身長と体重は比例している．

は，身長は 60 km ぐらいだが，太陽の 1 億倍も体重があるヤツは，太陽と地球の間の距離ぐらいの身長がある．10 億トンほどで，小惑星ぐらいの，すごく軽いヤツもいるそうだが，まだ会ったことはない．そうそう，二本足共は，軽いヤツを「恒星ブラックホール」と，重いヤツを「銀河ブラックホール」とか「超大質量（超巨大）ブラックホール」と呼んでいるようだ．またすごく軽いヤツは「ミニブラックホール」とか「マイクロブラックホール」と呼んでいるらしい．どれも長く芸のない名前だ．太陽の 10 倍の家系は"十黒"，1 万倍なら"万黒"，1 億倍なら"億黒"とでもすれば，より引き締まった名前になろう．

　吾輩には目も耳も鼻も口もない．ノッペラボーだ．いや，口はある．顔中，体中，これすべて口である．そして無限の胃袋ももっている．しかし，にもかかわらず，吾輩は宇宙一の美男子である．いやいや，吾輩に性別はないので，宇宙一の美女と言ってもよい．吾輩の体は，頭も胴体も手足の区別もない．おまけにノッペラボーで，すべて口ときては，容姿をあれこれ言えないと思うかも知れぬ．ふふん，浅薄なる生物の基準では吾輩の容姿は量れないだろう．しかしよく考えてみよ．丸いことは，それ自体が美しいのだ．宇宙に存在するものも，みな丸いではないか．しかも二本足共の住まう地球という惑星や，熱いガスの塊に過ぎない太陽や，その他の丸い星々に比べ，吾輩は真の球である．これぞ，完全なる姿，究極の美なのだ．

住居生活

　吾輩の住処は宇宙である．宇宙空間である．吾輩は宇宙の闇に棲んでいる．実際，吾輩は宇宙のどこででも暮らせるが，まったく場所を選ばないわけではない．生まれや餌場の関係で，それなりのテリトリーがある．具体的には，太陽の 10 倍ぐらいの体重の恒星ブラックホールは，銀河のどこにでもいるが，太陽の 1 万倍とか 1 億倍もの体重をもつ銀河ブラックホールは，星の密集した銀河の中心に棲んでいる（図 1・3，図 1・4）．

　吾輩は何でも食す．好き嫌いはない．小は，素粒子，宇宙線，水素ガス，砂粒，生き物，惑星から，大は，星や星間雲にいたるまで，何でも食す．物質だけでなく，熱エネルギー，光エネルギー，運動エネルギー，磁力線，などなど，

CHAPTER1 ブラックホール前口上

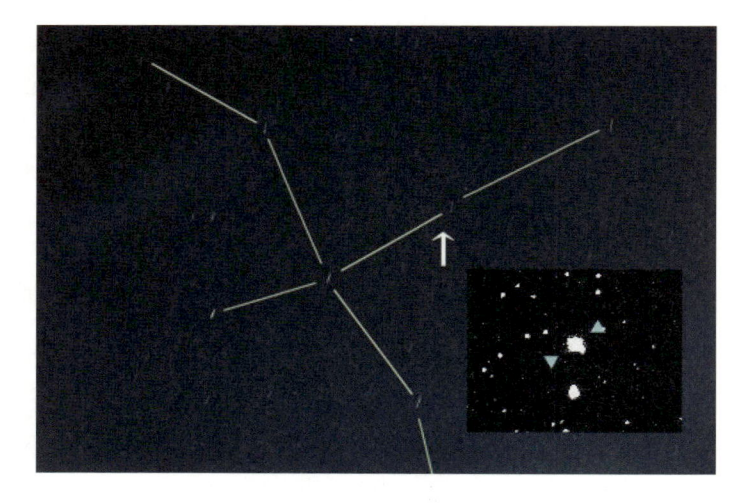

図1・3 ブラックホール はくちょう座 X-1（著者＋大阪教育大学）.

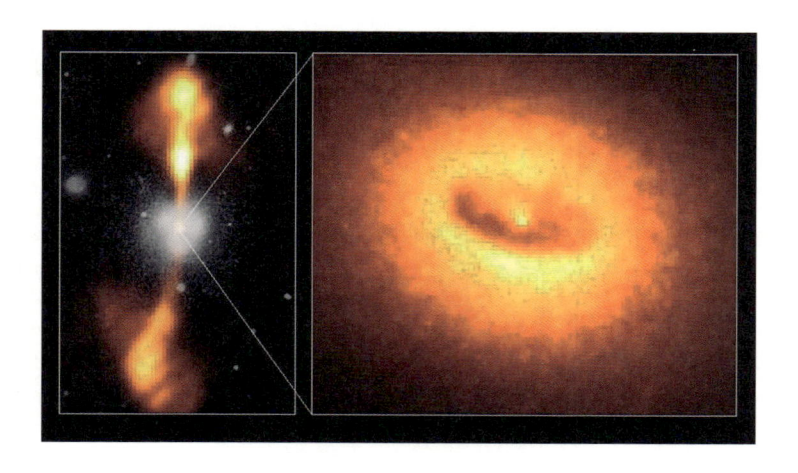

図1・4 活動銀河 NGC4261 中心部とジェット（ハッブル宇宙望遠鏡）.

非物質のモノでさえ，食す．そして食したモノはすべて，吾輩の体重になる．もともと質量を有していた物質はもちろん，質量のないエネルギーでさえ，体重に変換する．エサが少なければ少ないなりに，多ければ多いなりに，吾輩のまわりのエサを喰っていく．もっとも，いくら吾輩の体がすべて口だと言っても，身長つまり体の大きさは有限なので，エサを喰える割合には制限がある．時間さえあればすべて食い尽くせるが，一時に喰える量には限りがあるのだ．あまりに大量のエサが落ちてきて，一時に喰いきれないときには，エサの一部を吐き出すこともある．いわばゲップだが，口に入れる前に吐き出すのだから，吹き飛ばすと言うべきかもしれない．吾輩が吹き飛ばしたエサは，きれいな二本のジェットとして，宇宙における吾輩の存在を誇示することもある．

家族親戚

　吾輩にも親兄弟はいる．宇宙の王であるとはいえ，王も木の股から生まれたわけではない．吾輩にも親はいるのだ．吾輩の親は，星，である．ただし，太陽のような星ではなく，太陽よりも重い，太陽の数十倍の質量の星だ．そんな重い星が，自分を燃やし尽くし，超新星として壮絶な死を遂げた後，その灰の中から吾輩たちは生まれるのである．吾輩は，超新星の清浄な炎の中から生まれたのだ．鳳凰・不死鳥・フェニックス，何と呼んでもよいが，もともと高貴な血筋なのである．ただし，巨人の家系である銀河（超巨大）ブラックホールの家系はそう単純ではない．恒星ブラックホールとして生まれ，だんだん肥え太ったのもいるし，スライムが合体してキングスライムになるように，ブラックホール同士が合体して巨大になったものもいるからだ．

　吾輩の仲間（兄弟）たちは，軽いヤツとか重いヤツだけではない．少し毛色の違う同胞もいる（図1・5）．吾輩自身は，丸くどっしりと落ち着いたブラックホールで，ときとして，「シュバルツシルト・ブラックホール」とも呼ばれる．吾輩は落ち着いた王者の風格をもっているが，落ち着きのない同胞もいて，「カー・ブラックホール」と呼ばれる同胞は，いつもグルグル回っている．四六時中あんなにスピンしていて，よく目が回らないものだと思うが，そう言えば，回る目もなかったっけ．でも，この落ち着きのないカー君が，同胞の中では多数派なのも皮肉なものである．静電気を帯びた仲間もいて，「ライスナ

ー＝ノルドシュトルム・ブラックホール」と呼ばれている．あんなに電気を帯びていては，感電しっぱなしのような気もするが，電気に痺れる神経もないから心配には及ばない．さらに，グルグル回りかつ帯電した「カー＝ニューマン・ブラックホール」という仲間もいる．ああいう手合いは，同胞とはいえ，あまり近寄りたくはない．ちなみに，これらの名前も長ったらしく芸がない名だ．シュバルツシルトなら"丸子"，カーなら"転太"，ライスナー＝ノルドシュトルムなら"電子"，カー＝ニューマンなら"転電也"とでもすれば，〈億黒転太〉とか〈万黒丸子〉のように一発でわかる名前になるだろう．

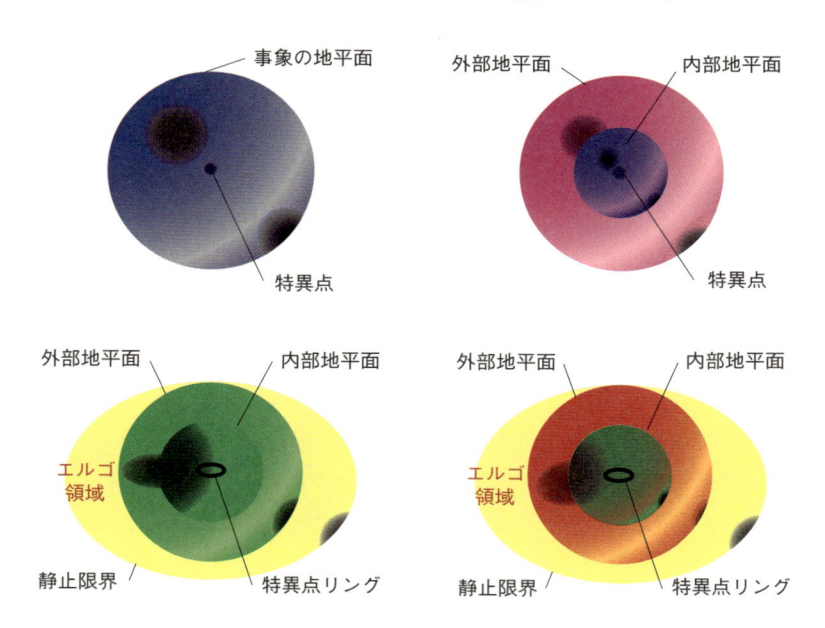

図 1・5 ブラックホールの仲間たち．
シュバルツシルト・ホール（左上），カー・ホール（左下），ライスナー＝ノルドシュトロム・ホール（右上），カー＝ニューマン・ホール（右下）．

吾輩にはいろいろな親戚もいる．いちばん有名な親戚は，「ホワイトホール」だ．吾輩が食うのが専門なのに対し，ホワイトホールは吐き出し専門の家系である．ただ，会ったことはなく，家系図に名前が載っているだけなので，家系図にはよくあることだが，実在はせずに名前だけの家系かもしれない．

また「ワームホール」という親戚も有名である（図1・6）．こっちは，吾輩からみても不思議な家系で，別名，時空の虫食い穴とも呼ばれている．苗字としては，"虫穴"，"虫洞"とかより，"蟲道"あたりの方が相応しかろう．

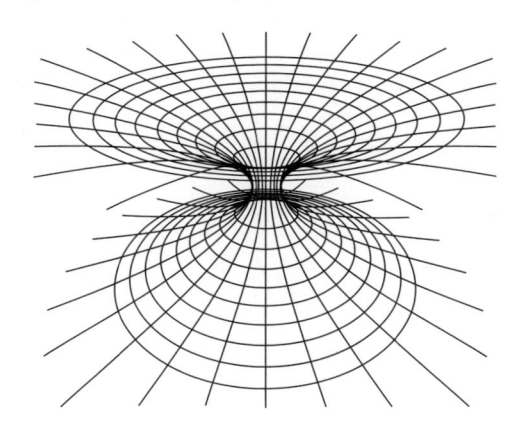

図1・6　ワームホール．

結婚人生

　意外かもしれないが，吾輩たちも結婚することはある．確かに性別はないと言ったが，結婚が異性間だけだというのは偏見に過ぎる．雌雄性別がなくても結婚はできるのだ．吾輩たちが宇宙を彷徨っていると，まれにだが，他の同胞と出会うこともある．お見合いの結果，お互いが気に入れば，上手に近づいてお互いのまわりを回り合うようになるのだ．このように，伴侶が得られたときは，吾輩は嬉しくて，まわりの時空を揺り動かすほどの雄たけびをあげるのである．さらにパートナー同士は，お互いのまわりを回っているだけではガマンできずに，時空に漣（さざなみ）を発しながら，遠からず合体して1つになってしまう．吾輩たちが合体したときは，宇宙に時空震を引き起こし，遥か宇宙の彼方においても，それを知ることができるだろう．しかもいったん合体したら決して別れることはない．離婚はあり得ないのだ．巨人の銀河ブラックホールは，何億回も結婚合体を繰り返した家系かもしれない．

　吾輩の寿命はほとんど無限である．吾輩たちは宇宙の遥かな太古にもいたし，

遥かな未来にもいる．永遠に輝くように思える星々が消えた後も，吾輩たちは生き残るだろう．宇宙そのものより長生きかも知れぬ．量子の気まぐれのために，吾輩の体表からはほんの僅かにエネルギーが蒸発しているが，その割合は非常に小さいので，吾輩はほとんど無限に生きる．吾輩こそは宇宙を統べる真の王なのだ．

趣味希望

　最後になったが，……．

　吾輩には趣味と言えるものはない．と言うか，吾輩は忙しく，趣味道楽にウツツを抜かしているヒマなぞないのだ．宇宙の王は傍目ほど楽な職業ではないのである．でも，まあ，たまには，星の光をちょいと曲げてやったりすることもある．その結果，宇宙には蜃気楼が生じて，二本足共を戸惑わせたりするが，その程度は楽しませてもらおう．

　宇宙の王者であり忙しい吾輩にも，それなりに悩みはある．吾輩が食したあれだけのエサは，一体どうなったのだろうか．食した本人が言うのもオカシイが，吾輩自身，知らないのだ．吾輩の胃袋はどこへつながっているのだろう．このことを考えると，胃の腑がモヤモヤしてくる．食欲もなくなるし夜もおちおち寝られなくなりそうだ．ま，もっとも，目の前にエサがあって食べなかったことはないし，そもそも眠ったこともないのだが．また吾輩が食したものには，それなりに色や匂いがあっただろうし，複雑な形や構造もあっただろう．ところが吾輩が食した後は，それらの多くの情報は消えてしまうらしいのだ．これもなぜだが知らぬ．

　吾輩は，自分に何ができるかについては知っているが，自分自身がどうなっているかについてはあまり知らないことを素直に認めよう．小ざかしく悪賢い二本足共だが，もしかしたら，遠からず，吾輩の謎を解き明かしてくれるかもしれない．今日このごろの，ささやかな希望である．

数式コーナー

シュバルツシルト半径

　数式コーナーと銘打ってはいるが，まだいまのところは，そんなに大層な数式が出てくるわけじゃない．ここではまず，ブラックホールの半径を表す式を紹介しておきたい．

　静的で球対称なブラックホール（「シュバルツシルト・ブラックホール」）の半径は「シュバルツシルト半径」と呼ばれ，しばしば r_g や r_s で表される（g は重力の g，S はシュバルツシルトの頭文字）．万有引力定数を G，光速を c とすると，質量 M の天体のシュバルツシルト半径 r_g は，

$$r_g = \frac{2GM}{c^2}$$

で表される．ただし，
万有引力定数　$G = 6.67 \times 10^{-11}$ N m² kg⁻²
光速　　　　　$c = 3.00 \times 10^8$ m / s
である．

　具体的にいろいろな天体のシュバルツシルト半径を計算してみると，表 1・1 のようになる．

表 1・1　天体のシュバルツシルト半径

天体	質量	半径	シュバルツシルト半径
地球	6×10^{24} kg	6400 km	9 mm
太陽	2×10^{30} kg	70 万 km	3 km
白色矮星	約 1 太陽質量	約 1 万 km	3 km
中性子星	約 2 太陽質量	約 10 km	6 km
恒星ブラックホール	10 太陽質量	30 km	30 km
巨大ブラックホール	1 億太陽質量	2 天文単位	2 天文単位

1 太陽質量 $= 2 \times 10^{30}$ kg
1 天文単位 $= 1.5 \times 10^{11}$ m

●COLUMN 1●

ブラックホールの種類と構造

　最も単純なブラックホールは，静的で球対称なブラックホールで，「シュバルツシルト・ブラックホール」と呼ばれている．シュバルツシルト・ブラックホールの半径は，先に述べたシュバルツシルト半径であり，ここはまた「事象の地平面」とも呼ばれる．事象の地平面は，それより内側に一歩でも踏み込むと，二度とこの世に戻ってこられないという一方通行の境界面で，その内側からは光さえ出てこられない．その彼方の出来事（事象）が見えなくなる境界（地平面）という意味で，事象の地平面と呼ばれている．

シュルバルツシルト滝

外部時空

地平面

ブラックホール

特異点

図1・7　シュバルツシルト滝．
滝に特別の標識はないが，後戻りは不可能だ．

　この事象の地平面が，いわばブラックホールの"表面"だが，固体地球の表面や太陽の表面と異なって，事象の地平面のところにはっきりとした境界があるわけではなく，またそこで空間の性質が急激に変わるわけでもない（図

1・7)．例えば，河を滝に向かって流されている状況を思い浮かべてみると，水の中に沈んで流されている人にとっては，どの場所でも周囲は水（空間）であって，どこからが滝（事象の地平面）だという標識があるわけではない．後戻りできなくなっているのに気づいたときには時すでに遅く，滝壺（特異点）にまっさかさまに落ち込むのみである．

ブラックホールの内部に入ると，その中心では時空の曲率が無限大になり，そこは「特異点」と呼ばれている．特異点では古典的な一般相対論は破綻するため，量子重力あるいは新しい物理学を考えなければならない．この特異点は研究者の頭痛の種だが，幸い三途の川（事象の地平面）の彼方にあるために，この世に悪さはしないようだ．

では，特異点と事象の地平面の間には何があるのか？　実は何もない．いや正確に言えば，時間と空間（真空）と多少のエネルギーはあるだろうが，構造としては何もないと言うべきだろう．つまり，シュバルツシルト・ブラックホールは，地球や太陽などより遥かに単純な，おそらくは宇宙の中で最も単純な天体なのである．

物理的特性の違い

ブラックホール物理学などでは，物理的特性によってブラックホールを分類する．と言っても，ブラックホールを区別できる物理量はきわめて限られていて，質量，角運動量（自転の度合）と，電荷の3つしかない．それらの組み合わせの結果，ブラックホールの種類としては4種類だけが可能である．

　　① 電荷も自転もない最も単純な「シュバルツシルト・ホール」．
　　② 電荷だけをもった「ライスナー＝ノルドシュトルム・ホール」．
　　③ 自転している「カー・ホール」．
　　④ 電荷をもちかつ自転している「カー＝ニューマン・ホール」．

これら以外にも，時空の歪んだ「ワイル・ホール」や「冨松＝佐藤ホール」があるが，それらは裸の特異性をもつため，実際の宇宙には存在しないと考えられている．

実際の宇宙で最も普遍的なのは，シュバルツシルト・ホールではなく，おそらく属性として，質量以外に角運動量をもったカー・ホールだろう．

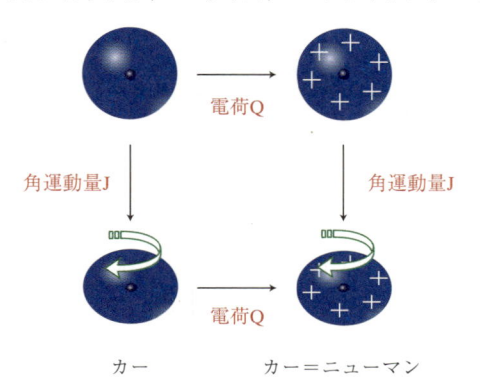

図1・8 ブラックホールの種類1.物理的特性による分類.

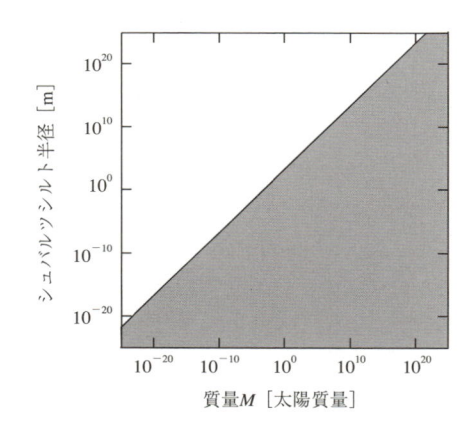

図1・9 ブラックホールの種類2.質量による違い.

質量の違い

　一方，電荷とか自転とかいった属性による分類以外に，質量だけに注目したブラックホールの違いも重要である．電荷があるとか自転している場合に比べて，質量の大小でブラックホールの性質が変わるわけではない．しかし，質

質量の違い

量が違えば，宇宙の中で果たす役割が大きく異なってくるのだ．

そもそもブラックホールは星の進化の果てにできると考えられたので，"普通"のブラックホールの質量は，おおむね太陽の10倍程度である．ブラックホールの第一候補である，はくちょう座X-1の質量もそのくらいだ．ちなみに，10太陽質量のブラックホールの半径は，30kmになる．このような並のブラックホール「恒星ブラックホール」は，しばしば宇宙X線源として活躍している．

これに対し，ケンブリッジ大学の天才科学者スティーブン・ホーキングらは，ビッグバン宇宙初期のきわめて高温高密度の時期に，小さなブラックホールがバンバンできたと考えた．これらを「ミニブラックホール」と呼んでいる．彼らによれば，原始宇宙でできたミニブラックホールのうち，質量が10億トン（半径1kmの小惑星の質量とだいたい同じ）より小さいやつは，ブラックホールの地平面近くの量子過程により，現在までに蒸発してしまったという．

一方，逆に，質量の大きな場合で，太陽の数百万倍から1億倍もの質量をもったブラックホールを「超大質量ブラックホール」とか「超巨大ブラックホール」と呼ぶ．これらの巨大なブラックホール「銀河ブラックホール」は，銀河の中心に存在していて，銀河の（とくに中心部の）運命を左右する存在である．ちなみに，太陽の1億倍の質量をもったブラックホールのシュバルツシルト半径は，約2天文単位になる．

また最近では，太陽の1万倍ぐらいの中程度の質量をもった「中質量ブラックホール」が見つかり始めており，恒星ブラックホールと銀河ブラックホールをつなぐミッシングリンクとして注目を浴びている．

●COLUMN 2●

ブラックホールの歴史

　ブラックホールは，アインシュタインの一般相対論の最も有名な産物である．しかし，アインシュタイン自身がブラックホールを発見したわけではない！　では，誰がブラックホールを見つけたのだろうか？　以下，年表形式で，ブラックホールの歴史を簡単に綴っておこう．

【1916年】
　アインシュタインの一般相対論は1916年に最終的に完成した．一般相対論は重力の理論であり，時空の構造と物質の分布をつなぐ「アインシュタイン方程式」によって，後日，ブラックホールも宇宙の進化も表されるのである．

【1916年】
　同年，ドイツのカール・シュバルツシルト（K. Schwarzschild）が，一般相対論の重力場方程式の特別な解を発見した．今日，シュバルツシルト解と呼ばれるこの解こそ，ブラックホールを表す最初の解なのであった．ちなみに，カール・シュバルツシルトは，シュバルツシルト解をはじめとして，幾何光学，天体力学，天体物理学など，さまざまな分野で多くの業績を残した．しかし，第一次世界大戦の従軍時の傷病がもとで，シュバルツシルト解を発見した1916年に40過ぎという若さでなくなっている．

【1916年】
　同じく1916年に，電荷をもったライスナー＝ノルドシュトルム（Reisner＝Nordstrom）解も見つかっている．

【1939年】
　さらに1939年に，アメリカのオッペンハイマー（J.R. Oppenheimer）とシュナイダー（H. Snyder）が，星が死んで重力崩壊していくときの様子を一般相対論を用いて調べ，星は自分自身の重力によって無限小に縮小しブラックホールになるのだ，と指摘した．ここにいたって初めて，今日のブラックホールの概念が誕生したのである．

【1963年】

その後，1963年に，ロイ・カー（R.P. Kerr）が，自転しているカー解を発見した．

【1964年】
　サルピーター（E. Salpeter）やゼルドビッチ（Ya B. Zeldvich）が，重力天体への物質降着が天体活動の主因になっている可能性を指摘する．

【1964年】
　早川幸男と松岡勝が，X線天体の多くは，おそらく近接連星系だろうと提唱する．

【1965年】
　続いて1965年に，ニューマン（Newman）たちが，電荷をもち自転しているカー＝ニューマン解を発見した．ここにおいて，ブラックホールの基本的な解はすべて見つかった．

【1969年ごろ】
　ちなみに，ブラックホールという言葉自体は，1969年頃にアメリカのジョン・ホイーラー（J.A. Wheeler）が名づけたものである．

【1969年】
　イギリスのリンデン―ベル（D. Lynden-Bell）が，クェーサーなど活動銀河の中心には，巨大なブラックホールが鎮座していて，そのまわりを明るいガス円盤が取り巻いており，そのブラックホール＝降着円盤システムが活動の本体であるモデルを提唱する．

【1971年】
　そして，1971年，実際の宇宙において，世界最初の X 線衛星ウフル（1970年12月打ち上げ）によって，ブラックホールのトップスターである，はくちょう座 X－1 がついに発見された．その後も，日本のはくちょう衛星（1979年2月），てんま衛星（1983年2月），ぎんが衛星（1987年 2 月），あすか衛星（1993年2月）などを含む多くの X 線衛星や，日欧米の電波観測網，さらにハッブル宇宙望遠鏡などの可視光観測によって，多くのブラックホール天体が発見されている．

●COLUMN 3●

おばQ定理

　ブラックホールは，数学的にも物理的にも非常に興味深い対象なので，ブラックホール研究に関連した定理や仮説も数多く提唱されてきている．例えば，「特異点定理」「唯一性定理」「宇宙検閲官仮説」「毛なし定理」「時間順序保護仮説」などなど．定理名をみただけでも，なんじゃこれは，という感じがするだろう．難しい証明はともかく，内容をかいつまんで紹介しよう．

「特異点定理」

　ブラックホールの特徴である光を捕捉する性質は，必ず時空に何らかの特異点が存在することを意味しているという定理である．ペンローズ（R. Penrose, 1965）や，ホーキング（S. Hawking）とペンローズ（1970）が証明した．

「唯一性定理」

　静的で球対称なブラックホールはシュバルツシルト解のみであり，定常で軸対称なブラックホールはカー解のみであることを証明する定理．ただし，事象の地平面の外側に剥き出しになった特異点，いわゆる「裸の特異点」がないことが前提条件である．前半はイスラエル（W. Israel, 1967）が，後半はカーター（B. Carter, 1971）が証明したので，イスラエル＝カーターの定理と呼ばれることもある．

「宇宙検閲官仮説」

　ブラックホールの内部ではなく，事象の地平面の外側に剥き出しになった特異点を「裸の特異点」と呼ぶが，裸の特異点が存在すると，いろいろ不都合なことが生じて，非常に具合がよろしくない．そこで裸の特異点は存在しないだろう，言い換えれば，特異点は必ず事象の地平面に隠されているだろうという推測が成り立つ．宇宙には裸を許さない仮想的な検閲官がいるのだ．ペンローズが1969年に提唱した．

「毛なし定理」

　物体・物質は，形や材質や色や匂いなど，一般に無数の特性をもっている．

おばQ定理

ところが重力崩壊してブラックホールになってしまうと，これらの特性はほとんどすべて失われてしまう．そして最終的には，"質量"と"自転"と"電荷"という性質しか残らないことがわかっている．このことは，唯一性定理によっても証明されている．ブラックホールの属性として，たった3種類しか存在しないことを指して，ホイーラー（J.A. Wheeler, 1971）は，"ブラックホールには毛がない"と述べ，この命題を毛なし定理（No Hair Theorem）と称した（1971年ごろ）．

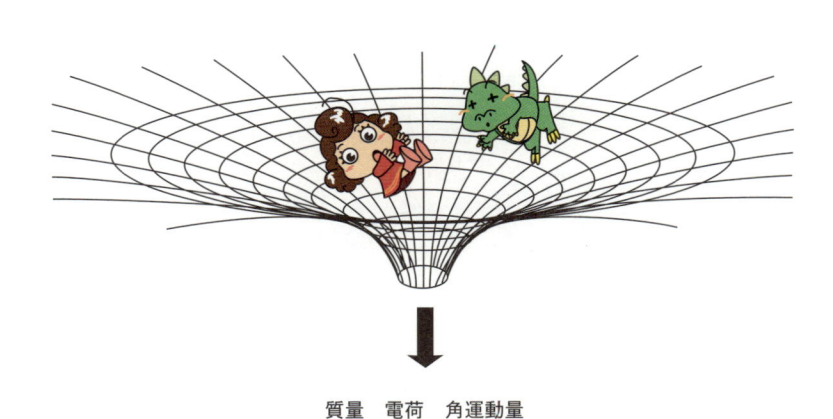

質量　電荷　角運動量

図1・10　毛無し定理／おばQ定理．

「時間順序保護仮説」
　未来からの観光客が団体で（現代を）訪問している形跡がないのは，過去へのタイムトラベルが不可能だということを意味しているという推測．ソーン（K.S. Thorne）らが1988年にワームホールタイムマシンを提唱したのを受

けて，ホーキングが１９９２年に提唱した．

　とまぁ，いろいろある中で，一番ふざけた名前が，ホイーラーの「毛なし定理」だが，日本人的には，もっともっとピッタリの名前がある．そう，質量・自転・電荷という３本の"毛"は残っているのだから，これは〈おばQ定理〉と呼ぶのが相応しい．僕自身は，１０年以上も前から，毛なし定理は実は"おばQ定理"だと，呼んだり書いたりしてきたが，日本人なら誰だって思いつく名称なので，とくに特許を取るつもりもなかった．ところが，最近手にした啓蒙書で，僕が命名したと引用してあったのに，少し驚いた．うーん，確かに，いままで読んだ多くの本の中では，"おばQ定理"なんて呼んでいた本はなかったわなぁ．（日本人の）相対論屋さんは，マンガなんか読まないまじめな人が多いのかなぁ．

　じゃぁ，ありがたく命名者の特権を行使して，改めて声高くご唱和を：
　　　"みんなで一緒に「おばQ定理」"（意味不明）

CHAPTER 2
時間と空間の統一

　前章では，ブラックホールのさまざまな性質について，ブラックホール本人の口から語ってもらった．以下の章では，ブラックホール物理学について，ひとつひとつ丁寧に解き明かしていきたいが，ブラックホール（一般相対論）の話に進む前に，光速に近い世界で起こる現象（特殊相対論）について，一通り紹介しておこう．

　まず本章では，特殊相対論の柱である光速度不変の原理，典型的な現象である時間の遅れ，そして特殊相対論における時間と空間の統一について説明する．

2.1 光速度不変の原理と特殊相対論

1）光速度不変の原理

　光が伝わる速さ，すなわち光速（光速度）は，秒速約 30 万 km である．

$$\text{光の速さ（光速度）} c = 2\,9979\,2458\,\text{m}/\text{s} = \text{秒速約 30 万 km}$$

　光は真空中を秒速 30 万 km の速さで伝わる．電波も X 線も，電磁波はすべて光速で伝わる．異なるのは波長（振動数）なのである．では，この光速度 c というのは何か特別な速度なのだろうか？

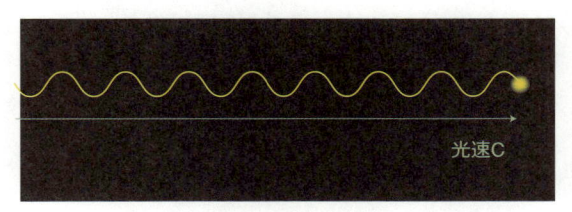

図 2・1　光と光速度．

CHAPTER2 時間と空間の統一

　光を光速で追いかけたら，光は止まってみえるのだろうか？　日常的な感覚ではそうだが，アインシュタインの直感は否定した．ではどうみえるのか？光は，誰からみても光，光速で走る光でなければならない．そういう意味で，光速度 c はある絶対的な基準なのである．アインシュタインが辿り着いた答え．それは，"光は誰からみても光速で進む，どんなスピードで運動をしている観測者が測っても，光の速さは常に光速 c になる" という原理である．これが，特殊相対論の1つの柱である「光速度不変の原理」だ．

　ちなみに，光速度を c で表すが，これは，速さを意味するラテン語のケレリタス（celeritas）の頭文字をとったものだ．大文字の C ではなく，必ず小文字の c を使うのがお約束である．

2）特殊相対性原理

　特殊相対性理論（特殊相対論）のもう1つの柱は，「特殊相対性原理」である．こちらは，じっと静止している人にとっても，動いている人にとっても，自然の法則は同じように成り立つという考え方だ．この特殊相対性原理は，自然の法則は誰に対しても同じように成り立つという，ガリレイ以来の考え方をより広くとらえたモノである．

　ちなみに，アインシュタインが特殊相対論を提唱したのは1905年だが，そのときから "特殊" と付けていたわけではない．最初は単に相対論と呼んでいた．特殊相対論が慣性系という特別な場合に限定していることと，一般相対論と区別するために，後に，"特殊" 相対論とか "特殊" 相対性原理と呼ぶようになったのである．

　ところで光速度不変の原理は，特殊相対性理論の "基本原理"（の1つ）なので，観測や実験によって証明することはできない．しかし光速度不変の原理と特殊相対性原理から構築された特殊相対論は，（後で述べるように）時間の遅れとかアインシュタインの式とか，さまざまな成果や予想をもたらし，それらは観測や実験によってちゃんと検証することができる．そして，あらゆる観測事実や検証実験は，すべて，アインシュタインの特殊相対論を支持したのである．

3）慣性系と速度の和

　人でも車でも宇宙船でも，現実の物体は，重力や摩擦力やロケットの噴射の

2.1 光速度不変の原理と特殊相対論

反作用など，さまざまな力を受けて動いている．このような外部からの力が一切存在していなければ，物体は静止しているか，あるいは速度が一定のまま真っ直ぐに飛んでいく「等速直線運動」を行う（速度が 0 の等速直線運動は静止状態に他ならないので，広い意味では等速直線運動は静止状態を含む）．外部からの力が働いていないシステムを，いちいち，"外部からの力が働いていなくて等速直線運動をしている状態" と言うのは面倒なので，ふつうは簡単に「慣性系」と呼んでいる．例えば，同じ速度で動き続ける電車の中や船の上や，また止まっている車などが，それぞれ慣性系だ．等速直線運動は，任意の速度で任意の方向に可能だから，慣性系は無数に存在することになる．また外力が働いていないのだから，慣性系は無重力である．特殊相対論では，どの慣性系においても，常に同じ物理法則が成り立つことを前提としているのである．

図 2・2 いろいろな慣性系．

ところで，そもそも運動とは，観測者の属する慣性系（自分の慣性系だから自分系といったところか）以外に，観測される相手の属する慣性系（相手の慣性系だから相手系とでも呼ぼう）があってはじめて成り立つ概念である．例えば自分系に対して，相手系の運動速度の大きさや運動している方向とかは観測することができる．しかし，もし何もない空間に自分だけがポツンと存在して

いるような場合には，比較対象がないので，どの方向にどういう速度で動いているかを知ることはできないことになる．いや，それどころか，自分が静止しているのか運動しているのかさえ，比較対象がなければ決してわからないはずだ．つまり，運動というのは，あくまでも"相対的"な概念なのである．

　ここで，速度の足し算について，一言，触れておこう．例えば，左から時速 240 km のひかり号が，右から時速 270 km ののぞみ号が走ってきたとする（図 2・3）．このとき，ひかり号から見たのぞみ号の速さ，あるいは，のぞみ号から見たひかり号の速さを「相対速度」と言うが，その相対速度はいくらになるだろうか．日常的な感覚では，相対速度はそれぞれの速度を単純に足して，時速 510 km になる．

　　　　相対速度＝ひかり号の速さ＋のぞみ号の速さ

では，仮に，宇宙船ひかり号の速さが秒速 24 万 km，宇宙船のぞみ号の速さが秒速 27 万 km だったら，相対速度は光速よりも大きな秒速 51 万 km になるのだろうか？

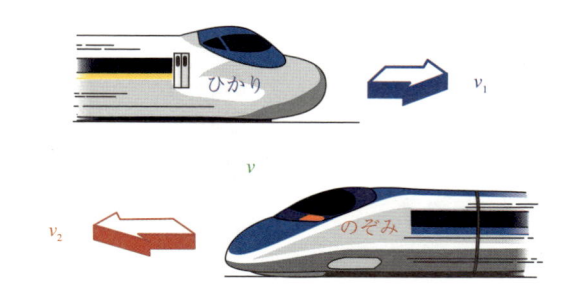

図 2・3　ひかり号とのぞみ号．

　光速に近い運動では，速さの足し算は，通常とは違ってくる．そして，
　　・高速と高速を足しても，決して光速を超えることはない
　　・どちらかの速さが光速なら，和も光速になる
　　・光速同士の和は，もちろん光速になる

2.1 光速度不変の原理と特殊相対論

のような修正を受けるのである.

亜光速領域での,速度 β_1 と速度 β_2 の和 β のグラフを図 2・4 に示す(速度の単位はすべて光速).上の図は,いろいろな β_2 に対して,β_1 の関数として和 β を表したものだ.片方の速度 β_2 が小さいとき(例えば 0.1)には,おおむね β_1 の分だけ足したものが和 β になっているが,β_2 が大きいと(例えば 0.9),β_1 が増加しても和 β はあまり顕著には増えない.そして,和 β は決して光速(いまの場合,1)を超えることはない.

また下の図は,いろいろな β_1 と β_2 の組み合わせに対して,和 β が同じ値になる場所をつないだ曲線である.速度が小さい領域(原点近傍)では,速度の和は単なる足し算に近いので,和 β が一定の場所はほぼ直線になるが,速度が大きい領域では,右上に膨らんだ曲線になる.

上の図でも下の図でもよいが,例えば,$\beta_1=0.5$,$\beta_2=0.5$ のとき,速度の和は 1 ではなく,0.8 になることなどが簡単に見てとれるだろう.

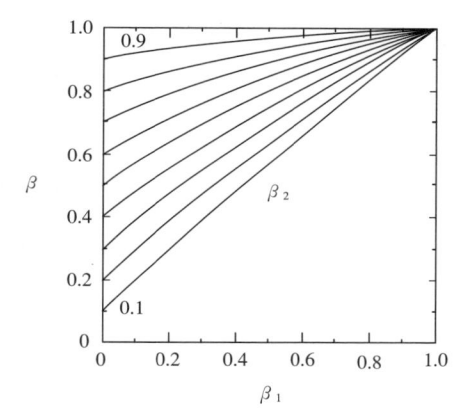

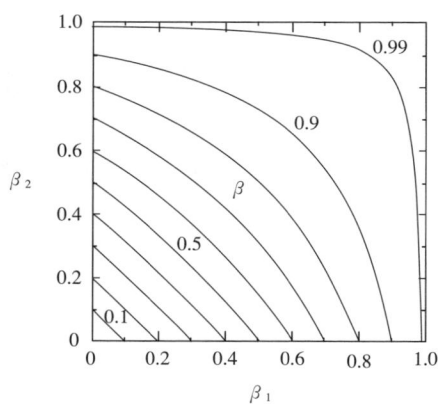

図 2・4 速度の和.

数式コーナー

速度の和(相対速度)

　高速宇宙船ひかり号(速度 v_1)とのぞみ号(速度 v_2)が直線上を近づいているとき,相対速度 v は,

$$v = \frac{v_1 + v_2}{1 + v_1 v_2 / c^2}$$

のようになる.これが相対論的な速度の和である.

　ひかり号の速さが秒速 24 万 km,のぞみ号の速さが秒速 27 万 km だったら,相対論的な速度の和を使うと,相対速度はいくらになるだろうか? またひかり号の速さが光速のときは,どうなるだろうか? さらに,ひかり号ものぞみ号も光速のときは?

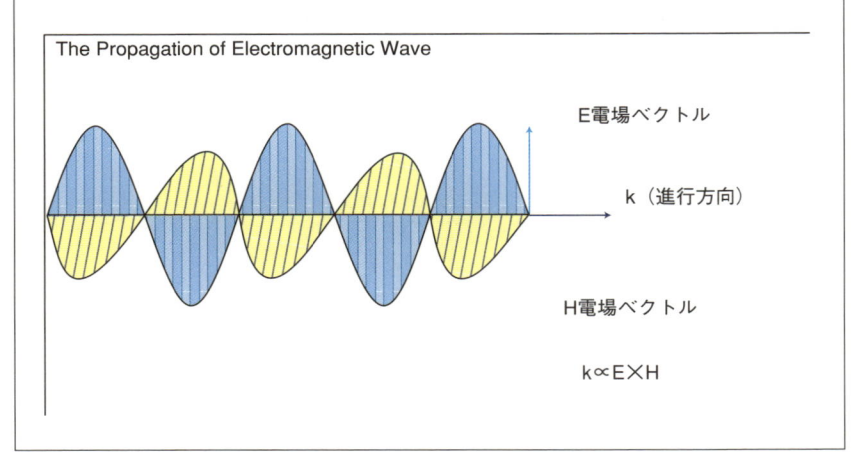

The Propagation of Electromagnetic Wave

E電場ベクトル

k(進行方向)

H電場ベクトル

k∝E×H

2.2　高速運動での時間の遅れ

1）固有時間

　ニュートンは，時間というものは，過去から未来に一様に流れ，かつ宇宙のどこでもまったく同じ時間になっていると考えた．これを「絶対時間」と言う．また空間についても，物体は空間の中で運動や変化をするが，空間自体はまったく変化せず永久不変に存在していると考えた．これを「絶対空間」と言う．しかし，アインシュタインは特殊相対論で，絶対空間とか絶対時間を放棄し，代わりに，光速度という基準を設定したのである．ニュートンの世界でもアインシュタインの世界でも，時間や空間の入れ物の中を光が進むことには変わりないので，光速度を絶対的な速度にすることは，入れ物である時間や空間が変わりうるということになる．これは，時間や空間に対する新しい意味づけにほかならない．

図 2・5　固有時間.

　実際，アインシュタインが主張したのは，無数に存在する慣性系ひとつひとつが，それぞれ自分の時間をもっているということだ．時間は誰に対しても同じものなのではなく，それぞれの慣性系に属する固有の物理量であり，慣性系が異なれば，刻のきざみ方も違うと考えたのだ．そこで各慣性系の時間をそれぞれの系での「固有時間」と呼ぶ（図 2・5）．例えば，等速直線運動している宇宙船内で起こった出来事を記録しているときに，宇宙船に載せた時計で計っている時間（船内時間）が宇宙船の固有時間で，地球と共に動く時計で計っている時間（地球時間）が地球の固有時間である．

なお，日常的な時間（t）と区別するために，固有時間はギリシャ語のτ（タウ）を使って表すことが多い．静止している慣性系（静止系）と運動している慣性系（運動系）が出てくるときは，例えば，静止系の時間をt，慣性系の時間をτと置いて区別する．

2）光時計とローレンツ因子

各慣性系が固有の時間をもつと言ってもピンとこないので，実際に静止系と慣性系での固有時間の違い，いわゆる高速運動における「時間の遅れ」について考えてみよう．よく，光速に近いスピードで航行する宇宙船内の時間は，地球の時間に比べてゆっくり進む，と言われる．これが高速運動している慣性系での時間の遅れだ．光速度不変の原理を認め，時間に関する固定観念を改めれば，時間の遅れは自然に出てくる結論である．具体的に，光時計というアイテムを使って時間の遅れを証明しよう（図2・6）．

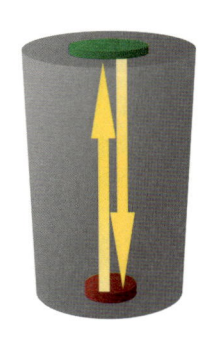

図2・6　"静止した"光時計．

そもそも，時間を計るということは，（規則正しく起こる）周期的な現象を使って，繰り返し起こる出来事の回数を数えることだ．その周期的な現象が，広い意味での時計にほかならない．例えば，一年は地球の公転で決まる長さだし，一日は地球の自転で決まり，柱時計は振り子の周期的な運動を使うし，クォーツ時計は水晶の結晶の振動を利用している．

そして，合わせ鏡を使って光を"振り子"にした時計が，「光時計」である．すなわち，光時計では，発光部（兼受光部）と鏡が向かい合わせになっていて，発光部から鏡に向けレーザー光線が発射され，鏡で反射されたレーザー光線がふたたび受光部まで戻ってきて検出される．

光時計の長さはいくらでもいいが，話を簡単にするために，長さを15 cmにしよう．秒速30万 kmの光が往復30 cmの距離を進むのには，ちょうど1ナノ秒＝10億分の1秒かかる．だから，この光時計を"ナノ秒光時計"と呼んでおく．

そのような"ナノ秒"光時計を，高速で航行する宇宙船の内と外においてみ

2.2 高速運動での時間の遅れ

よう．宇宙船の外（例えば地球）で宇宙船の外にある光時計を見ていれば，光の信号が1往復するのに1ナノ秒かかる．一方，飛んでいる宇宙船の中で宇宙船の中にある光時計を見ていても，やっぱり1往復で1ナノ秒かかるはずである．宇宙船の外でも中でも物理法則は変わらないだろうし，これは，あまりにも当たり前そうな話だ．

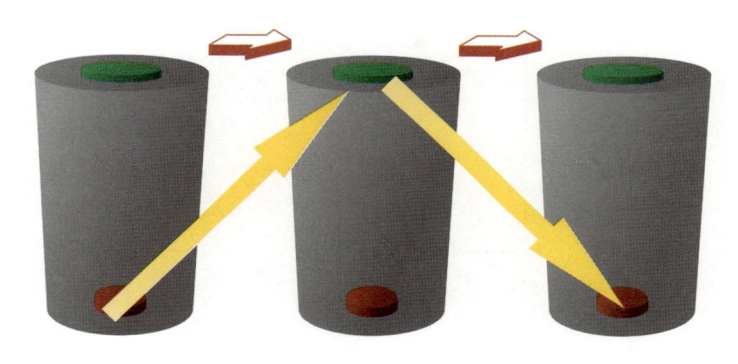

図2・7　"動いている"光時計．

　では，宇宙船の外から，飛んでいる宇宙船の中にある光時計を見たらどうなるだろうか（図2・7）？　宇宙船の外から見ると，発光部から最初に光が出てから鏡まで光が進む間に，宇宙船は飛んでいるので，横に移動する．その結果，光は斜めに進み，"長い距離！"走っていることになる．鏡で光が反射してからも同じである．つまり，宇宙船の外から見ると，光は（単純に往復するよりも）長い距離を進まなければならないのだ．光速度不変の原理から，宇宙船の中の光速度は，宇宙船の外から見ても同じなので（この点が大事！），長い距離を進むにはより長い時間がかかる．こうして，宇宙船の外から見ると，宇宙船の中の光時計はゆっくりと時を刻むように見えるわけだ．
　これが，高速で航行する宇宙船では時間が遅れる，という話のカラクリである．
　地球時間 t と船内時間 τ の比率，すなわち船内時間で1秒経過したときに地球時間ではその何倍の時間が経っているかという割合を，物理学者のローレンツ（Hendrik A. Lorentz）にちなんで「ローレンツ因子」と呼び，またギリシ

ャ語の γ （ガンマ）で表す．地球（静止系，実験室系）に対する宇宙船（運動系，粒子系）の速度 v が大きくなるほど，ローレンツ因子 γ も大きくなる．速度 v の関数として表したローレンツ因子 γ のグラフを図 2・8 に，具体的な数値を表 2・1 に示す．

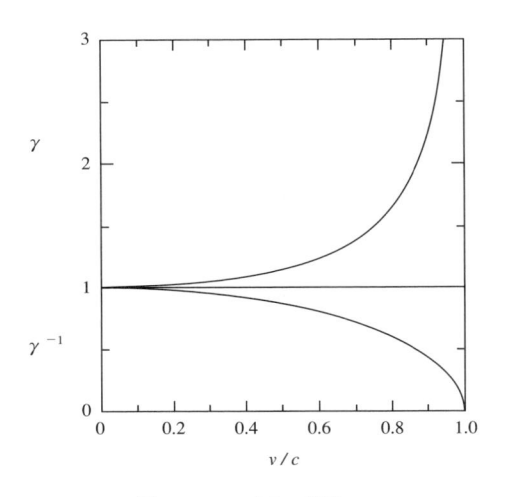

図 2・8　ローレンツ因子 γ.

表 2・1　宇宙船の速度とローレンツ因子

速度 v	ローレンツ因子 γ	船内時間 τ	地球時間 t
0	1	1年	1年
0.1	1.005	1	1.005
0.2	1.021	1	1.021
0.3	1.048	1	1.048
0.4	1.091	1	1.091
0.5	1.155	1	1.155
0.6	1.250	1	1.250
0.7	1.400	1	1.400
0.8	1.667	1	1.667
0.9	2.294	1	2.294
0.99	7.089	1	7.089
0.999	22.366	1	22.366
0.9999	70.712	1	70.712
0.99999	223.61	1	223.61
0.999999	707.11	1	707.11

2.2 高速運動での時間の遅れ

3) 高速運動における時間の遅れの実証

運動している系での時間の遅れは，実際に，さまざまな実験でも検証されている．素粒子の寿命の延びが一番いい例だろう．

例えば，宇宙空間から飛来した宇宙線が地球大気中の原子核と衝突したときに，ミューオンと呼ばれる素粒子が発生する（図 2・9）．このミューオンは非常に不安定な素粒子で，平均寿命は約 2.2 マイクロ秒しかない．すなわち多数のミューオンを観測していると，2.2 マイクロ秒より早く崩壊するものも遅く崩壊するものもあるが，平均的には約 2.2 マイクロ秒経った段階でミューオンの半数が崩壊していることを意味している．

さて宇宙線と原子核の衝突によって発生したミューオンは，きわめて高いエネルギーであり，ほぼ光速に

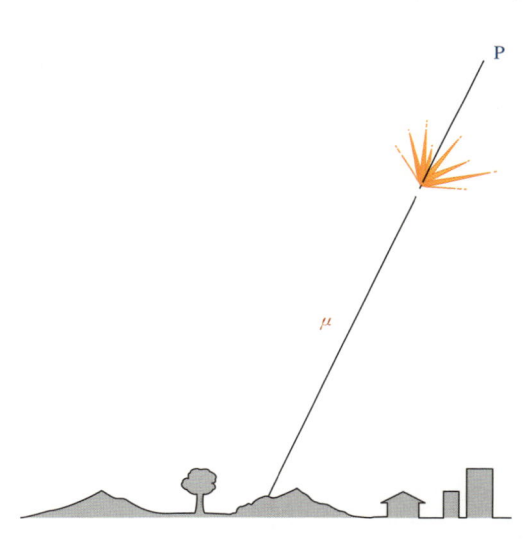

図 2・9　ミューオンの寿命の延び．

近い速度で運動している．したがって，もし時間の遅れの効果がなければ，ミューオンの平均的な飛行距離は，光速×平均寿命＝660 m ほどしかないはずである．ところが現実には，遥か上空（だいたい高度 20 km ぐらい）で発生したミューオンが，地球大気の数十 km を走り抜け，地上まで到達しているのだ．すなわち，高速で飛ぶミューオンの寿命が延びているのである（もちろん我々から見ての話で，ミューオン自身は寿命が伸びたとは思わないだろうが）．

このような素粒子の寿命の延びは，地上でも測定されている．例えば，日本だと，筑波学園都市に大型加速器トリスタンがあるし，播磨科学公園都市でも SPring8（Super Photon ring-8GeV）と呼ばれる放射光施設が稼働している．これらの巨大加速器を用いた素粒子実験でも，素粒子の寿命が延びていること

は実証されているのだ．と言うより，大型加速器であるシンクロトロン加速器などでは，相対論的な効果を考慮しなければ，そもそも加速器自体が設計できないのだ．ちなみに後者の，SPring-8 では，周囲 1436 m の蓄積リングと呼ばれる環状の装置に 8GeV（80 億電子ボルト）という高いエネルギーの電子を蓄えることができる（名前の 8 はエネルギーの値を表す）．

数式コーナー

ローレンツ因子の導出

具体的に，ローレンツ因子 γ，すなわち時間の遅れの式を求めてみよう．

まずいろいろな量を表す文字として，

　　　光速度を c
　　　地球時間を t
　　　船内時間を τ（タウ）
　　　宇宙船の速度を v

とする．また光時計の長さは半光秒でも 0.5 ナノ光秒でも構わないが，簡単のために片道だけ考える．

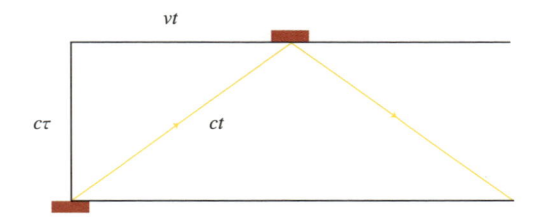

図 2・10　光時計とローレンツ因子．

さて，宇宙船の中で宇宙船の中にある光時計を見ているとき，光時計のレーザー光線が，発光部から鏡まで到達するのに，"船内時間"で τ（秒）だけかかったとする．光は光速度 c で進むので，光時計の（もともとの）長さは，単純に速度×時間から，

　$c\tau$

になる．

次に同じ（宇宙船の中にある）光時計を宇宙船の外から見ると，先に述べたように光線は斜めに進むように見える．そして発光部から出た光線が，"地球時間"で t（秒）かかって鏡まで達したとしよう．そうすると，斜めの長さは，光速度 c と時間 t をかけて，

　ct

になる．

最後に，宇宙船の外から見たときの横方向の移動距離だが，宇宙船は横方向に速度 v で動くので，地球から観測する移動距離は，

vt

となる．

ここでピタゴラスの定理を使うと，

$$(ct)^2 = (c\tau)^2 + (vt)^2$$

が成り立つ．これが地球時間 t と，速度 v で飛んでいる宇宙船の船内時間 τ の関係を表す式なのだ．たったこれだけである．少し整理してみよう．まず t のついた項を左辺に移動して，

$$(ct)^2 - (vt)^2 = (c\tau)^2$$
$$(c^2 - v^2)t^2 = c^2\tau^2$$
$$(1 - v^2/c^2)t^2 = \tau^2$$

のようにまとめ，両辺のルートをとれば，

$$\sqrt{1 - v^2/c^2}\, t = \tau$$

となる．こうして，あっと言う間に，地球時間 t と船内時間 τ の間の関係として，

$$t = \gamma\tau = \tau / \sqrt{1 - v^2/c^2}$$

が得られた．ここで，

$$\gamma = 1 / \sqrt{1 - v^2/c^2}$$

が，高速で移動する宇宙船の相対論的な効果の度合いを表す「ローレンツ因子」だ．速度が 0 のときにローレンツ因子 γ は 1 だが，速度が大きくなると 1 より大きくなり，速度が光速 c に近づくと無限大になっていくのだ．いずれにせよ，ローレンツ因子は常に 1 以上なので，船内時間 τ よりは地球時間 t の方が大きくなり，船内時間の方がゆっくり進む．

2.3　4次元時空の表現
1）4次元時空

　ところで，物体が存在したり運動したりする入れ物が「空間」で，物体の変化を刻む"方向"が「時間」だが，運動が起こる空間は運動の自由度に応じた「次元」をもっている（図2・11）．例えば，高速道路のように，運動が曲線（直線）上に制限されていて運動の自由度が1つしかないのが1次元空間で，地球の表面のように，運動が曲面（平面）上に制限されているのが2次元空間である．そして，実際に我々が住んでいるのは，タテヨコ高さの3つの方向の自由度をもつ3次元空間である．

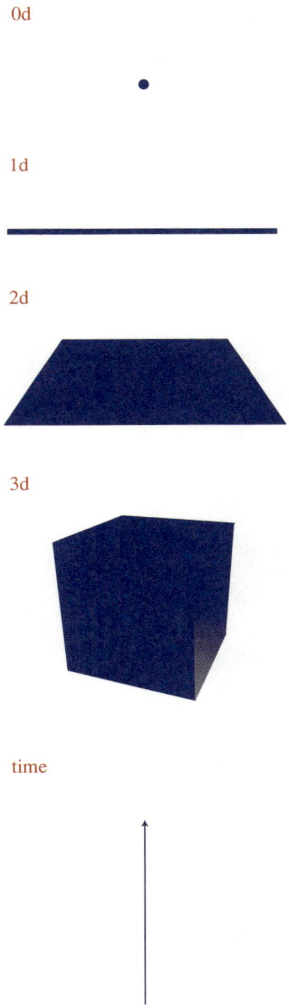

　一方，時間は，過去，現在，未来という1つの方向しかないという意味で，1次元である．

　かつては時間と空間は，まったく別な実体だと思われていた．しかし，アインシュタインが導入した光速度不変の原理によって，一見まったく性質が違うようにみえる1次元の時間と3次元の空間は，実は別々のモノではなく，1つのまとまった実体として扱えることがわかった．それを「4次元時空」とか「4次元時空連続体」などと呼んでいる．

2）時空のダイアグラム

　物体の運動のような，空間内における時間的変化は，一般的には，空間を固定して，その中での動き（動画）として表すことが多い．しかし，（特殊）相対論では，時間と空間はある意味では対等な立場になった．そして空間と時間を合わせて「時空」としてとらえる立場なので，時間座標を空間的に表した「時空ダイアグラム」

図2・11　空間と時間の次元．

を用いて，物体の運動を視覚的に表してみよう（図 2・12）．

　実際の空間は 3 次元もあり，（1 次元の）時間と共に図示するのは難しいので，時空のダイアグラムでは，表現上，空間の次元を減らして表すことが多い．例えば，横軸に空間の距離 x を縦軸に時間 t をとったり，水平方向に x 軸と y 軸を縦方向に時間 t をとったりする．時間軸は必ず縦軸（鉛直方向）で，下を過去，上を未来にとる．時間軸を縦軸にとっておけば，空間軸として水平方向に x 軸と y 軸を考えたときにも，対称的に綺麗な図にできるのである（また鉛直方向が特別な方向であるという生物的な感覚で，あくまでも重力に縛られた地球生物としての業なのだが）．

　具体的な例をいくつか考えてみよう．まず，A 地点から B 地点まで一本道を進む場合，横方向に 1 次元の空間，縦方向に時間（上が未来）をとった時空のダイアグラムで物体の運動を表せる．静止した物体は，空間座標 x の値は変わらず時間だけが過ぎていくので，静止した物体の「軌跡」は鉛直方向に過去か

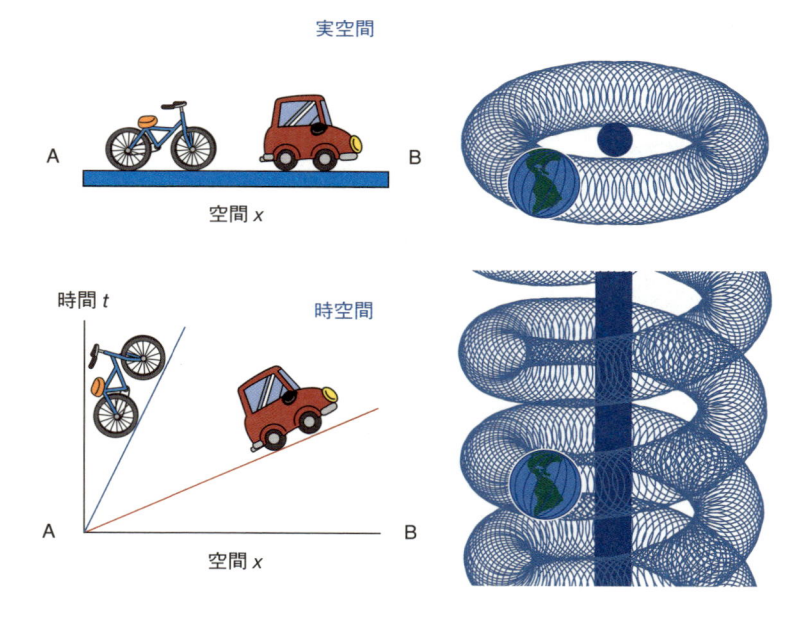

図 2・12　時空のダイアグラム．
左：1 次元空間と 2 次元の時空間／右：2 次元空間と 3 次元の時空間．

2.3 4次元時空の表現

ら未来に向かって伸びる直線になる．一定速度で動く物体（人や車や飛行機）の「軌跡」は傾いた直線になり，速度が速いほど直線の傾きは小さくなる．

今度は，太陽のまわりを回る惑星の運動を水平方向に2次元の空間をとった時空ダイアグラムで表してみよう．太陽は（原点に）静止しているので，太陽の軌跡は時間軸に沿った真っ直ぐな直線になる．一方，空間内で円運動している惑星の軌跡は，時間が進むにつれ上の方向（未来方向）に引き延ばされて，螺旋状になる．

毎日の通勤通学の時空ダイアグラム，新幹線で博多から東京まで行くときの時空ダイアグラム，ジェット機で世界一周するときの時空ダイアグラム，人生の時空ダイアグラムなども考えてみてほしい．

3）ミンコフスキーダイアグラム

相対論では特別な速度である光速度 c を基準にして世の出来事を考える．そこで相対論では，ふつうの時空ダイアグラムではなく，「ミンコフスキーダイアグラム」と呼ばれる，光速度を基準にした特別な時空ダイアグラムを使う（図2・13）．ミンコフスキーダイアグラムがふつうの時空ダイアグラムと大きく違う点は，空間軸と時間軸のメモリのとり方（単位）である．空間軸に対して時間軸をすごく引き延ばしてあるのだ（空間軸をすごく押し縮めてあるとも言える）．なお，名前の由来は，当時わかりにくかった相対論を図形的に表現したミンコフスキー（H. Minkowski）にちなんだものだ．

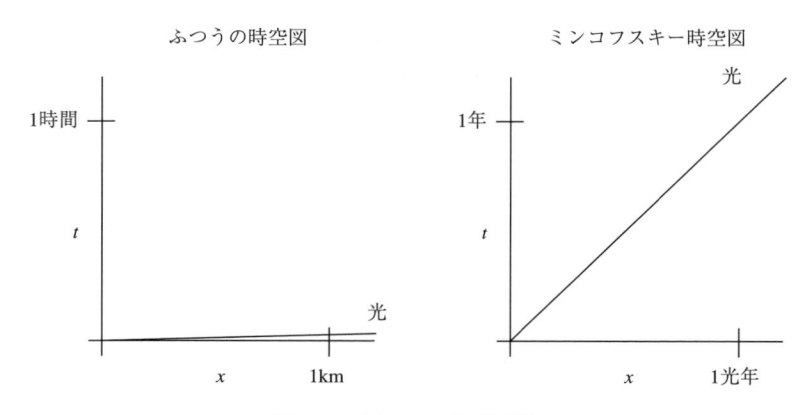

図2・13 ミンコフスキー時空図．

CHAPTER2 時間と空間の統一

　ふつうの時空ダイアグラムだと，例えば空間軸は m とか km の単位で測り，時間軸は秒や時間で計る．すなわち身のまわりのスケールで，それぞれの軸のメモリを刻んでいる．このメモリスケールでは，秒速 30 万 km もの高速の光の軌跡は水平に近い直線になるだろう．しかしミンコフスキーダイアグラムでは，時間軸の 1 メモリを 1 秒にするなら，同じ長さにとった空間軸の 1 メモリは 1 光秒に刻む（1 光秒は光速で進んで 1 秒かかる距離，すなわち30 万 km）．あるいは，空間軸方向には 1 光年のメモリを，時間軸方向には 1 年のメモリを，同じ長さで刻むのである．こうすると，光は 1 年で 1 光年進むから（それが 1 光年の定義），光の軌跡はミンコフスキーダイアグラムでは角度 45°の直線になる．言い方を変えれば，光の軌跡が常に傾き 45°の直線になるようにメモリを刻んだ時空ダイアグラムがミンコフスキーダイアグラムなのである．

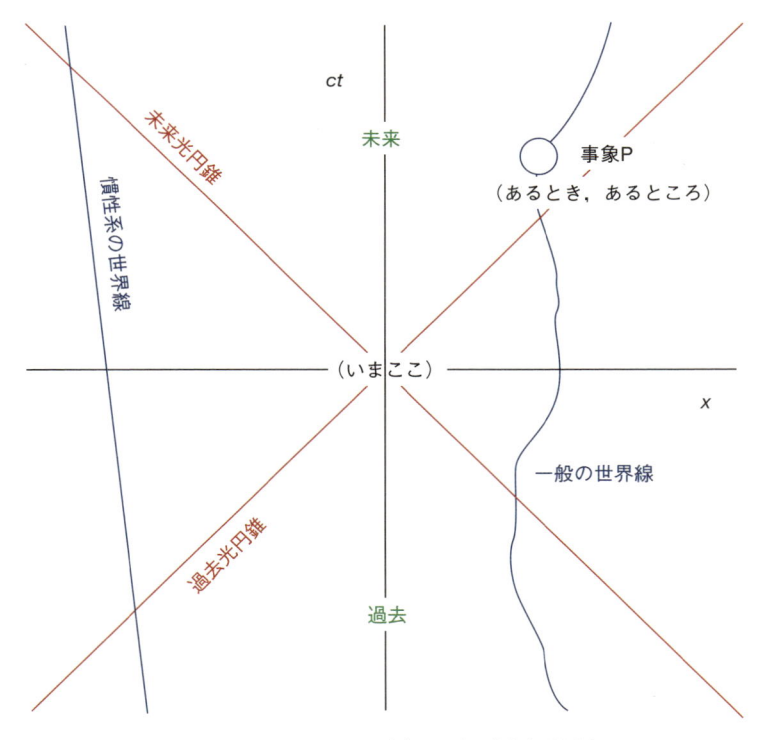

図 2・14　ミンコフスキー時空における事象と世界線．

2.3 4次元時空の表現

さて，このようなミンコフスキーダイアグラムの上で，いろいろな運動がどう表されるかだが，まず原点に自分がいるとすると，そこが自分自身の（いま，ここ）である（図 2・14）．またミンコフスキー時空図の中のある特定の 1 点 P は，（あるとき，あるところ）に対応する．その（あるとき，あるところ）で何か事件が起きたとき（ウィンクをするとか，アカンベーをするとか），それを「事象」と呼ぶ．

もし自分が x 軸上で静止していれば，自分は時間軸上を過去から未来に移動していくので，自分は x 軸に垂直な直線で表される．x 軸上で静止した他の慣性系も同じである．もし自分が x 軸の正の方向に等速で動いていれば，自分の軌跡は原点を通って右方向に傾いた直線で表されるだろう．等速直線運動している他の慣性系も，鉛直方向から少し傾いた直線で表される．そして，光は，先に述べたように，45°に傾いた直線で表される．（等速直線運動をしていない）一般の運動者（非慣性系）は，P のような曲線になる．しかし，あらゆる物体の速度は光速度よりも遅いため，曲線の傾きは必ず45°より急になる．

なお，これらミンコフスキーダイアグラムにおけるいろいろな物体の軌跡を「世界線」と呼んでいる．"横軸を空間軸とし縦軸を時間軸としたミンコフスキー空間での…" と言うよりは話が早い．また，45°に傾いた光の世界線は，ふつう「光円錐」と呼んでいる（図 2・15）．これは水平方向に 2 次元の空間（x 軸と y 軸）をとったミンコフスキーダイアグラムでは，光は時間軸から 45°のあらゆる方向，すなわち頂角45°の円錐面内に伝わるからだ．

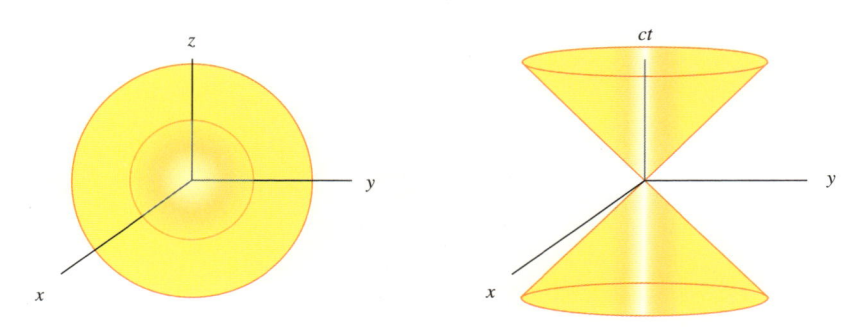

図 2・15　光円錐．

CHAPTER2 時間と空間の統一

　光の波面は，3次元の実空間では球状に広がるが，2次元の空間＋1次元の時間からなる時空間では円錐状に広がる．

　ミンコフスキーダイアグラムでは，事象 P が，（いま，ここ）を通る光円錐に対してどこに位置するかによって，その事象が（いま，ここ）からみて，未来の出来事なのか（未来光円錐の上側），過去の出来事なのか（過去光円錐の下側），さらにはどちらでもないのか（それ以外の領域）が決まる．と言うのは，どんな物体の速度も光速を超えることはできないから，世界線の傾きは45°より急になるので，（いま，ここ）を通るすべての世界線は（いま，ここ）を通る光円錐の内部に含まれる．すなわち，（いま，ここ）より下側で起こった出来事は，（いま，ここ）に影響を与えることができるという意味で，（いま，ここ）の"過去"であり，逆に，（いま，ここ）より上側で起こる出来事には，（いま，ここ）が影響を与えうるという意味で，（いま，ここ）の"未来"に属する．そして，それ以外の領域は，そこでの出来事が，（いま，ここ）と因果関係をもち得ないので，（いま，ここ）の過去でも未来でもないというわけだ．

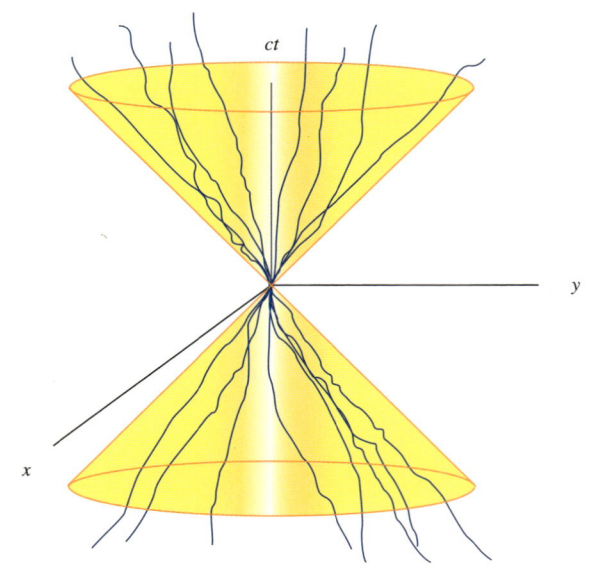

図 2・16　未来と過去とそれ以外．

2.3　4次元時空の表現

　もう少し補足しておこう．光円錐の外側の，"それ以外"の領域が，この世に存在していないわけではない．例えば，4.3 光年先のケンタウルス座 α 星を考えて欲しい．"4.3年先"のケンタウルス座 α 星には，（いま，ここ）の地球から信号を送れるから，（いま，ここ）に対しては未来の領域に属する．また，"4.3年前"のケンタウルス座 α 星からは，地球に信号を送れるから，過去の領域に属する．で，もちろん，"現在，この瞬間"にも，間違いなくケンタウルス座 α 星は存在しているわけだが，そことは信号のやり取りができないので，未来とか過去とか決められないということなのだ．それどころか，"現在"とか"この瞬間"とか言うことすら意味がなくなる．絶対時間を捨て去るとは，そういうことなのだ．

●COLUMN 4●

双子のパラドックスとウラシマ効果

　地球から見たとき，亜光速で航行する宇宙船の時計は地球の時計よりゆっくり進む．これは実験的にも実証された事実である．そこで以下のような状況を考えてみよう．双子の姉妹，ティー子とタウ子がいたとする．ティー子は地球に残り，タウ子は亜光速の宇宙船に乗って宇宙の彼方の目的地まで往復旅行をしたとする（図2・17）．ティー子から見てタウ子は運動していたので，時間がゆっくり進み，したがってティー子とタウ子がふたたび相まみえたときには，動いていたタウ子の方が若いままだろう．いや，ちょっと待て．運動は相対的なものだから，宇宙船から見れば地球が往復運動したと考えてもいい．すなわち宇宙船に乗っているタウ子から見たときには，ティー子の時間の方が遅いように見えるはずだ．だから若いのはティー子の方だろう．

　一体ティー子とタウ子と歳をとらないのはどちらだ？　これが有名な「双子のパラドックス」である．

　双子のパラドックスには沢山のヴァリエーションがあり，多くの研究者の頭を悩ませたが，現在では解決している．図に示したような最も単純な場合，ごまかしは，地球と宇宙船が同等な慣性系だ，という点にある．確かに，宇宙船が一定の巡航速度で飛んでいる間は，地球と宇宙船とは，お互いにまったく同等な慣性系である．そのときは，どちらから見ても，相手の時計が遅れているように見えるだろう．しかし，目的地で宇宙船が向きを変えるときには，必ず，減速と加速という段階を伴わなければならない（地球から出発するときや，地球に帰還するときにも）．この加速（減速）段階では，宇宙船には力が働くので，宇宙船は地球と同等な慣性系ではなくなるのだ．この効果を考えると，歳をとらないのは，やはり動いていたタウ子の方なのである．

　そして，宇宙船が非常に遠くの天体へ往復したときには，宇宙船の中では10年ぐらいしか時間が経っていなくても，地球では何百年何千年と経ってしまっていることだろう．生まれ育った村も町もなく，文化も言葉もすべて変化しているかもしれない．…ちょうど竜宮城から浦島太郎が戻ったときのように．

双子のパラドックスとウラシマ効果

　亜光速宇宙船で宇宙旅行をしてきた〈星からの帰還者〉タウ子の出会う悲劇的な状況．それが「ウラシマ効果」なのである．

図 2・17　双子のパラドックスとウラシマ効果．

●COLUMN 5●

亜光速タイムマシン

　亜光速宇宙船での具体的な宇宙旅行の数値をあたってみよう．例えば，4.3 光年先のαケンタウリまで 1G で往復してきた場合，地球では 11.8 年経っているが，宇宙船内では 7.1 年しか経過していない．このときの経過時間の差は 4.7 年ほどだ．しかし，25 光年先のヴェガへの往復では，船内時間で 12.9 年しかかからないのに，地球ではなんと 53.7 年も経ってしまう．その差は約 41 年になる．さらにもっと遠い天体へ行ってきたときには，船内時間と地球時間の差はどんどん大きくなるだろう．このウラシマ効果を利用すると，未来への一方通行の旅ではあるが，亜光速宇宙船をタイムマシンにすることができる．

表 2・2　船内時間と地球時間（加速は 1G とする）

船内時間 τ	地球時間 t
1 年	1.2 年
5 年	84.5 年
10 年	約 1 万 5 千年
20 年	約 4 億 5 千万年

CHAPTER 3
エネルギーと物質の統一

　本章では，特殊相対論における性質の続きとして，光の波長が変化するドップラー効果，光線のやってくる方向が変化する光行差現象，そして有名なアインシュタインの式について説明しておく．

3.1　ドップラー効果
1）赤方偏移
　天体から送られてくる光（例えばスペクトル線）を測定したときに，観測される波長（振動数）は実験室で測定されるもともとの波長（振動数）としばしば異なっている．もし天体から発した光の波長が長くなって（振動数は低くなって）観測されたなら，色で言えば黄色の光が赤色の方に移動するので，「赤方偏移」と言い，逆に，もし波長が短くなって（振動数は高くなって）観測されたなら，「青方偏移」と言う．またこれらを併せて赤方偏移と総称する．
　赤方偏移すなわちスペクトル線の偏移が生じる原因には，
- ・光源と観測者の間の相対的な運動によるドップラー効果
- ・重力場のもとでの重力赤方偏移
- ・宇宙膨張に基づく宇宙論的な赤方偏移

の3つがある．実際に観測されるスペクトル線の赤方偏移は，しばしばこれらの原因が複雑に重なったもので，分離できない場合も少なくない．

数式コーナー

赤方偏移

　スペクトル線のずれを表す赤方偏移 z は，観測されるスペクトル線の波長を λ（ラムダ），実験室で測定される波長を λ_0 として，

$$z = \frac{\lambda - \lambda_0}{\lambda_0}$$

のように定義される．観測される波長がもとの波長より長くなっていれば，赤方偏移 z は正で，観測される波長が短くなっていれば z は負になる．

　光の波長と振動数は反比例するので，観測されるスペクトル線の振動数を ν（ニュー），実験室で測定される振動数を ν_0 とすると，赤方偏移 z を

$$z = \frac{\lambda}{\lambda_0} - 1 = \frac{\nu_0}{\nu} - 1$$

のように表すこともできる．観測される振動数がもとの振動数より低くなっていれば赤方偏移は正になり，高くなっていれば負になる．

　X 線など高エネルギーの領域では，波長や振動数の代わりに，しばしば光子のエネルギーを使う．光のエネルギーは振動数に比例するので，観測されるスペクトル線のエネルギーを E，実験室で測定されるエネルギーを E_0 とすると，赤方偏移 z は，

$$z = \frac{\nu_0}{\nu} - 1 = \frac{E_0}{E} - 1$$

のように表せる．観測されるエネルギーがもとのエネルギーより低くなっていれば赤方偏移は正になり，高くなっていれば負になる．

3.1 ドップラー効果

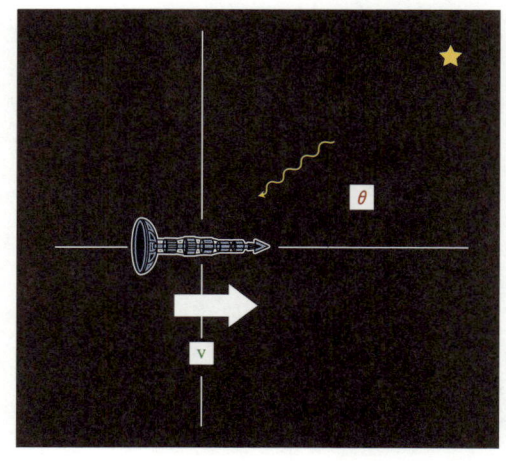

2）光のドップラー効果

　音源と観測者が相対的に静止しているときは，音源から発した音の高さと観測者が受け取る音の高さは同じである．しかし音源と観測者が近づいているときは音の高さは高くなり（振動数は高くなり），音源と観測者が遠ざかっているときは音の高さは低くなる（振動数は低くなる）．

　救急車のピーポー音でもおなじみのこの現象は，音が波であるために起こる現象で，進行方向前方では一定時間内に届く波の数は多く（振動数は高く）なり，逆に進行方向後方では波の数は少なく（振動数は低く）なるために生じる．この現象を1842年に最初に研究したオーストリアの物理学者 C. J. ドップラー（C. J. Doppler）にちなんで，「ドップラー効果」と呼んでいる．

図 3・1　音のドップラー効果．

図 3・2　光のドップラー効果．

天体からやってくる光も波の一種なので，（音の）ドップラー効果と似た現象が起こる．すなわち，光を出す天体（星やガス）が観測者（地球）から遠ざかるように運動しているときには，観測される波長がもとの波長より長くなり（赤方偏移），逆に，地球に近づくように運動しているときには，もとの波長より短くなる（青方偏移）．光源と観測者の間の相対的な運動によって，観測される光の波長（振動数）が実験室で測定されるものとずれる現象を，「光のドップラー効果」と呼ぶ．

表 3・1 光のドップラー効果

光源の状態	ドップラー効果による色の変化
静止している電球	電球から放射される光の波長（色）は，進行方向前方でも後方でも同じ．
秒速 8 km のシャトル	シャトルから放射された 600 nm（黄色）の光は，近づく左側では 0.01 nm ぐらい波長が短くなり，遠ざかる右側では 0.01 nm ぐらい長くなる．
秒速 3 万 km の宇宙船	高速宇宙船から発した 600 nm の光は，左側では 540 nm（緑色）で見え，右側では 660 nm（赤色）で見える．
秒速 27 万 km の亜光速宇宙船	亜光速宇宙船から発した 600 nm の光は，左側では 60 nm（紫外線）まで偏移し，右側では 1140 nm（赤外線）まで波長が伸びる．

ドップラー効果の度合いは，光源と観測者の間の相対速度の大きさと方向に依存して変わる．ドップラー効果の度合いを表す目安として，観測される振動数 ν ともともとの振動数 ν_0 の比率で定義される「ドップラー因子」δ を用いる．赤方偏移も青方偏移もないときがドップラー因子は 1 で，赤方偏移ではドップラー因子は 1 より小さく，青方偏移では 1 より大きくなる．

図 3・3 上には，光の到来角 θ をいろいろ与えたとき，速度 ν の関数としてドップラー因子 δ の値を示しておく．また図 3・3 下には，速度 ν を与えたときの，角度 θ の関数としてドップラー因子 δ の値を示しておく．

通常のドップラー効果は，音の場合にせよ光の場合にせよ，相対論的効果が本質的ではない．しかし光源あるいは観測者の速度が光速に近くなってくると，真に相対論的なドップラー効果も現れてくる．

例えば，天体が真横に見える場合には，天体に対する相対速度はないので，

3.1 ドップラー効果

光を波と考えた場合の普通の意味での（非相対論的な）ドップラー効果は存在しない．しかし，図で $\theta = 90°$ のときにも，速度 v が大きくなると振動数 ν はどんどん小さくなる．これは運動系における時間の伸びを反映したもので，純粋に特殊相対論的な効果であり，「横ドップラー効果」と呼ばれる．なお，横ドップラー効果に対して，通常のドップラー効果をとくに「縦ドップラー効果」と呼ぶことがある．

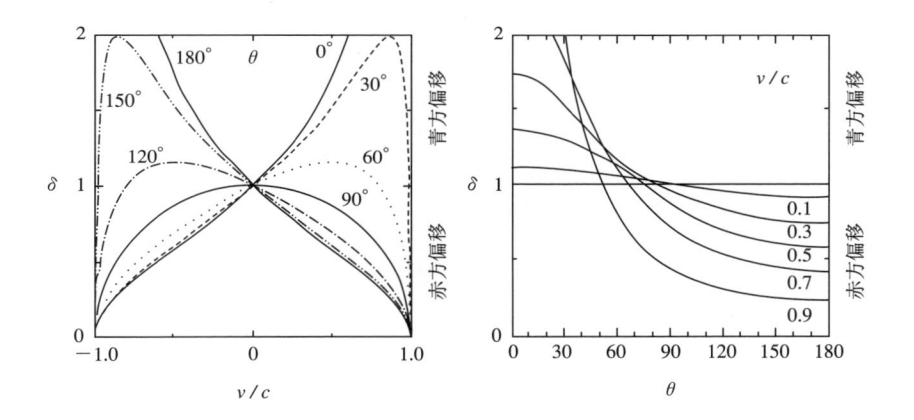

図 3・3 ドップラー因子．

数式コーナー

ドップラー因子

　光速に近い速度 v で宇宙空間を飛んでいる宇宙船から観測したときの光の波長（あるいは振動数）のずれを考える．天体から光が発したときの振動数（すなわち宇宙船が静止しているときに測定される振動数）を ν_0 とすると，宇宙船で観測される振動数 ν は，

$$\nu = \frac{\nu_0}{\gamma(1-\beta\cos\theta)}$$

となる．ただし $\beta = v/c$ は光速を単位とした宇宙船の速度，$\gamma = \sqrt{1-\beta^2}$ はローレンツ因子，そして θ は宇宙船が運動しているときの天体の見かけの方向である．

　観測される振動数 ν ともとの振動数 ν_0 の比率を，ドップラー因子

$$\delta = \frac{1}{\gamma(1-\beta\cos\theta)}$$

と定義する．いわゆる赤方偏移 z は，

$$z+1 = \nu_0/\nu = 1/\delta$$

である．

　上の式で $\theta = 90°$（真横方向）のときに，どうなるかを確かめてみて欲しい（横ドップラー効果）．

表3・2　赤方偏移と青方偏移

	赤方偏移	青方偏移
波長	$\lambda > \lambda_0$	$\lambda < \lambda_0$
振動数	$\nu < \nu_0$	$\nu > \nu_0$
ドップラー因子	$\delta < 1$	$\delta > 1$
赤方偏移	$z > 0$	$z < 0$

3.1 ドップラー効果

3）ドップラー効果の実証

ドップラー効果については，実証するも何も，天体の運動を調べるための重要な観測手段として普通に使われている．具体的な例を挙げるにも，無数にあって困るぐらいだが，例えば太陽表面のガスの運動（水素ガスの出す輝線），連星の運動（星の大気の吸収線），原始星ジェット（二酸化炭素などの分子の出す電波輝線），銀河の回転運動（中性水素の 21 cm 電波），などなど，枚挙にいとまがない．

相対論的なドップラー効果も多くの天体で観測されているが，強いて 1 つだけ天体を挙げるとすれば，特異星 SS433 だろうか（図 3・4）．特異天体 SS433 は，わし座の方向 16 光年の距離にある 14 等星で，宇宙ジェットのプロトタイプとして有名である．すなわち，SS433 は，高温の伴星とコンパクト星（おそらくブラックホール）からなる近接連星で，コンパクト星のまわりにはガス円盤が形成されている．そして中心付近からは，実に光速の 26％もの速度で，2 方向へプラズマガスの噴流―宇宙ジェット―が吹き出ているのだ．この高速ジェットから放射された輝線のドップラー効果が見つかっているのである．と言うか，話は逆で，水素の輝線（可視光）や鉄の輝線（X 線領域）のドップラー効果の観測から，高速ジェットの振る舞いがわかったのだ．さらに，SS433 で特記すべきは，高速運動に伴う時間の遅れ効果である．光速の 26％にもなると，時間の遅れが無視できないが，実際，SS433 から到来する光には，"横ドップラー効果" が観測されているのだ．天体現象でドップラー効果はありふれたものだが，横ドップラー効果（時間の遅れ効果）はさすがに珍しい．

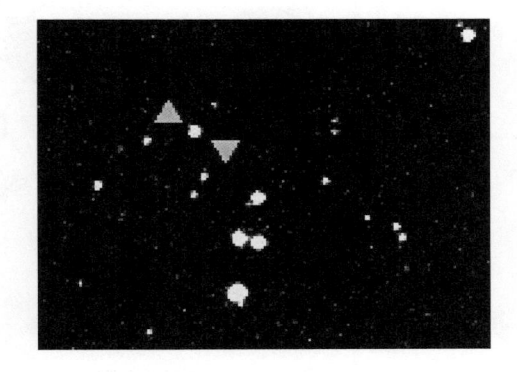

図 3・4　特異星 SS433（大阪教育大学）．

3.2 光行差現象

1) 光行差

　雨の中を傘をさして歩いているとき，立ち止まっていれば雨が真上から降っている場合でも，歩いたり走ったりすれば，濡れないようにするためには傘を前方に傾けて歩かなければならない（図3・5）．

図3・5　雨のお散歩．

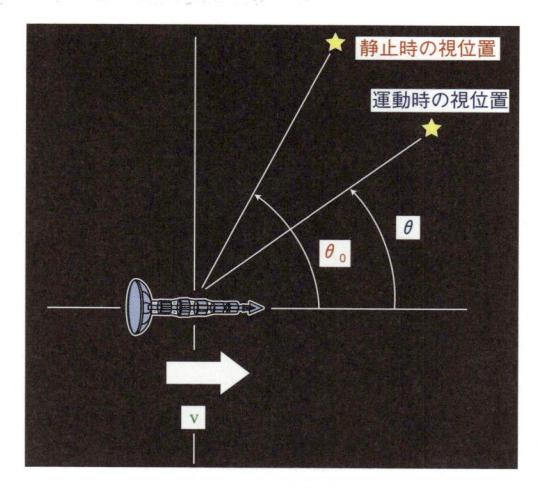

図3・6　光行差．

3.2 光行差現象

光でも同じようなことが起こる．

例えば宇宙空間を高速で飛翔している宇宙船から，ある方向に見える天体を観測したとき，光速が無限大なら天体の見える方向は常に同じ方向にみえる．しかし光速は大きいとはいえ有限なので，光の到来ベクトルは観測者の運動ベクトルの分だけずれてしまい，天体の見える方向は（本来の方向よりも）宇宙船の運動方向前方に少し移動して見える．このような，運動している宇宙船から見た天体の視位置が，静止しているときの視位置に比べ，宇宙船の進行方向前方に移動して見える現象を「光行差」と言う．

図 3・7 に，宇宙船の速度 v をいろいろ変えたときの，もともとの光の到来方向 θ_0 と観測される到来方向 θ の関係を示しておく．速度 v が 0 なら $\theta = \theta_0$ だが，v が大きくなるにつれ θ は θ_0 より小さく観測される．

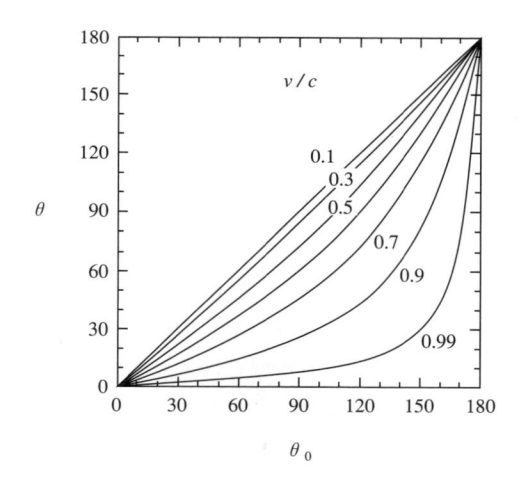

図 3・7 最初の方向と観測される方向の関係．

2) 光行差の実証

光行差もごく標準的に使われているが，ここでは簡単に，歴史的な実証について触れておこう．

地球から観測したときの天体の視位置は，大気差と呼ばれる地球大気の屈折効果や地球自転軸のふらつき，太陽のまわりの地球の運動，地球を引き連れた

太陽の運動などなど，さまざまな理由により影響を受ける．それらのうちで重要なものの 1 つが，1727年，イギリスのブラッドリー（J. Bradley）によって発見された「年周光行差」である．年周光行差とは，天球上での星の見かけの位置が，1 年を周期として楕円を描くように移動して見える現象だ．

この年周光行差の原因は，光速度が有限であるために，星から発した光の方向が地球の軌道運動によって影響され，別の方向からくるように見えるためである．その結果，例えば黄道の北極方向にある星は，太陽のまわりの地球の公転運動にしたがって，天球上で北極のまわりを円を描くように動いて見える．また黄道の極以外の位置では，楕円を描くように動いて見えるのである．

地球は太陽のまわりを公転運動しているが，1 天文単位の半径の円を 1 年で一周するので，その公転速度は秒速 30 km になる．秒速 30 万 km の光速に比べ 1 万分の 1 程度しかないが，無視できるほど小さい量でもない．実際，ブラッドリーの発見したりゅう座 γ 星の年周光行差は，真の方向とのずれ（光行差角）が角度にして数十秒というきわめて小さなものだったが，測定できたのである．

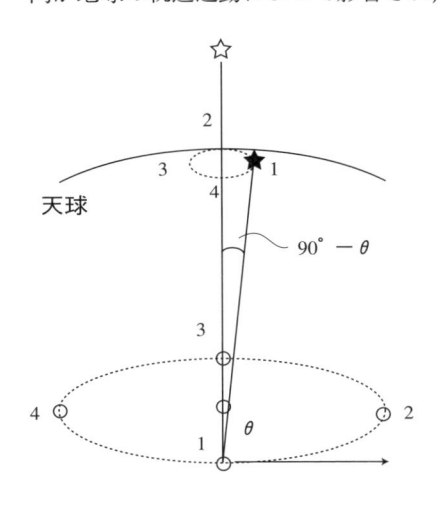

図 3・8　年周光行差．

数式コーナー

光行差角

　亜光速で飛翔している宇宙船にとって，光行差とは，宇宙船から見た天体の視位置が，静止しているときの視位置に比べ，宇宙船の進行方向前方に移動して見える現象である．

　光行差は基本的には相対論的なベクトルの合成で表されるが，結果のみ示す．宇宙船の速度を v，宇宙船が静止しているときの宇宙船の船首方向から測った星の視位置の角度を θ_0，宇宙船が運動しているときの視位置を θ としよう．このとき，光行差による見かけの位置は，

$$\cos\theta = \frac{\cos\theta_0 + \beta}{1 + \beta\cos\theta_0}$$

で与えられる．あるいは，

$$\tan\theta = \frac{\cos\theta_0 + \beta}{\gamma(\cos\theta_0 + \beta)} = \frac{\tan\theta_0}{\gamma(1 + \beta\sec\theta_0)}$$

と表すこともできる．ただしこれらの式で，$\beta = v/c$ は光速を単位とした速度であり，$\gamma = 1/\sqrt{1-\beta^2}$ はローレンツ因子である．

　なお，もとの方向 θ_0 と観測される方向 θ の角度の差：

$$\theta_0 - \theta$$

を「光行差角」と言う．

　一例として，上の式を年周光行差に適用してみよう．地球の公転運動の平均速度は $v = 29.8$ km/s なので，黄道の北極方向の星（$\theta_0 = 90°$ すなわち $\cos\theta_0 = 0$）に対しては，$\cos\theta = \beta = v/c = 0.000099333$ となる．したがって $\theta = 89.9943°$ が得られる．あるいは光行差角 $\theta_0 - \theta$ として，$0.005691° = 0.34148' = 20.49''$ が得られる．

3.3 アインシュタインの式

1）静止質量エネルギー

$E = mc^2$（イー　イコール　エムシーじじょう）．

"質量はエネルギーと等価である"

相対論のさまざまなコンセプトの中でも，ブラックホールと並び，最もよく知られたコンセプトだ．とくに核爆弾を手にした現代では，この方程式の現実性は疑いの余地もない．「アインシュタインの式」— $E=mc^2$ — は，おそらく自然科学のさまざまな基本方程式の中で，最も有名な式である．

具体的な数値を少し挙げておく．国際単位系 SI では，時間は秒で，長さは m で，質量は kg で，そしてエネルギーは J（ジュール）で測る．光速は 30 万 km/s なので，アインシュタインの式から，1 kg の質量は，

$1 \times 3 億 \times 3 億 = 9 \times 10^{16}$ J（9 京 J）

に等しい．これはどれぐらいのエネルギーに相当するのだろうか？

例えば，体重 60 kg の人が地上で 1 m の段差を飛び降りたときの落下のエネルギーは，600 J である．また狭い部屋にたくさんの人が集まるとムンムンしてくるが，ふつうの人が 1 秒間に放射する（熱）エネルギーは，だいたい 100J ほどである（つまり人は 100Wの電球と同じ！？）．だから人が 1 日に放射するエネルギーは，だいたい 900 万 J ほどだ．雷のエネルギーが，おおざっぱに，100 億 J ぐらいだそうだ．地球のまわりを周回している 500 kg ぐらいの人工衛星の運動エネルギーや位置エネルギーが，ちょうど同じぐらいである．さらに，広島型原爆（15 キロトン）のエネルギーが約 60 兆 J（6×10^{13}J）で，ビキニ水爆（15 メガトン）のエネルギーが約 6 京 J（6×10^{16}J）になる．やっと，上の値ぐらいになってきた．

そう，1 kg の質量の物質は，人類が生んだ最大の破壊的エネルギーに等しいぐらいのエネルギーをもっているのだ．

2）運動エネルギー

アインシュタインの式は，最も単純な形では，静止状態の物質と等価なエネルギーを表す式だが，物質が運動状態にあると，物質の運動エネルギーも加味する必要がある．その場合は，ローレンツ因子 γ をちょいと掛けて，

$E = \gamma mc^2$

3.3 アインシュタインの式

と修正すれば，運動エネルギーまで含めたアインシュタインの式の拡張になっている．いくつかの数値例を表3・3に示しておく．

表3・3 運動エネルギーまで含めた数値例

粒子	質量 m	エネルギー E
電子（静止状態）	9.11×10^{-31} kg	8.20×10^{-14} J
光速の99.9％の速度の電子		1.83×10^{-12} J
陽子（静止状態）	1.67×10^{-27} kg	1.51×10^{-10} J
光速の99.9％の速度の陽子		1.83×10^{-12} J
波長600 nm（可視光）の光子		3.38×10^{-9} J
511 keV（γ線）の光子		8.20×10^{-14} J

3）アインシュタインの式の実証

アインシュタインの式の実証も，化学反応や加速器の実験から宇宙の彼方の電子・陽電子対消滅反応まで，これまた例示に事欠かない．が，まぁここでは，ごく標準的な例として，太陽の中心部の核融合反応に触れておこう．

太陽のような主系列星の中心部では，物質が高温で高密度な状態になっていて，4個の陽子（水素の原子核）が1個の α 粒子（ヘリウムの原子核）に融合する核反応：

$$4{}^1\text{H} \rightarrow {}^4\text{He} + \text{エネルギー}$$

が起こっている（図3・9）．（反応前の）4個の水素原子の質量と（反応後の）1個のヘリウム原子の質量とは同じではなく，反応後の質量の方がごく僅かに小さい．ヘリウム原子核1個の質量は，4個の水素原子核の質量を合わせたものよりも，2.9％だけ小さいのだ．1個の水素原子あたりにすれば，その質量の0.7％になる．この割合を，「質量欠損」と呼んでいる．

すなわち，水素の核融合反応によって，1個の水素原子あたり，その質量の0.7％がエネルギーに変換されるのだ．具体的には，2個の陽電子と2個の電子ニュートリノが発生する．電子ニュートリノは物質と相互作用せず，ほぼ光速で宇宙空間へ逃げ去っていくが，陽電子は周囲の電子とすぐに対消滅し輻射のエネルギーとなって，太陽の輝きに寄与する．

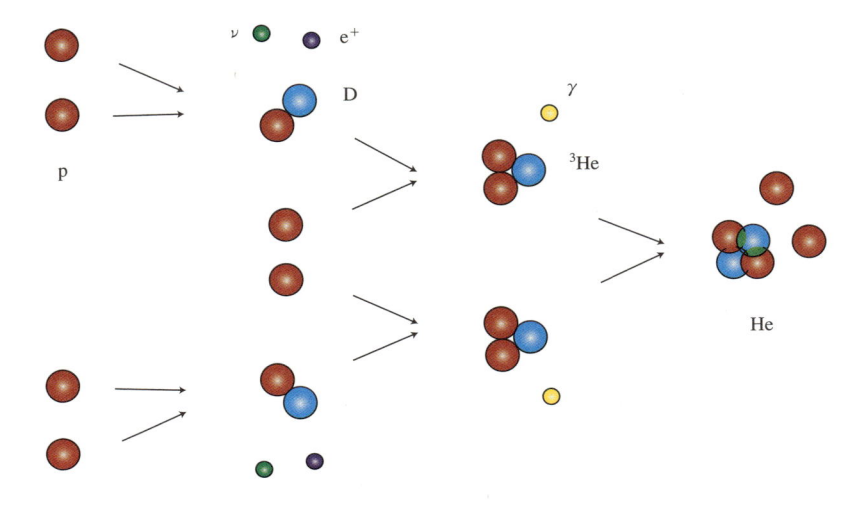

図 3・9 水素の核融合.
陽子-陽子連鎖反応の場合，6個の陽子（p）が，重陽子（D）とヘリウム3（^{3}He）を経てニュートリノ（ν）や陽電子（e^+）や光子（γ）を放出しながら，最終的に1個のヘリウム（He）と2個の陽子に変換する.

　アインシュタインの式は，質量とエネルギーの間の関係を表している．アインシュタイン以前には，"質量"と"エネルギー"とは別の存在形態だったのが，アインシュタイン以後，質量はエネルギーに転換できる，あるいはまたエネルギーは質量に転換できることがわかった．それまで異質だった質量とエネルギーが，アインシュタインの式で結びついたのである．

　アインシュタインは，特殊相対性理論で，物質や光の入れ物である時間と空間を統一し"時空間"にしてしまったのだが，さらに入れ物の中身である物質（質量）と光（エネルギー）も統合してしまったのである．その結果，ニュートン力学では，質量保存の法則・運動量保存の法則・エネルギー保存の法則という併せて5本の式で表されていた基本的な保存法則が，エネルギー運動量の保存という，たった一本の方程式にまとめ上げられたのである．

数式コーナー

アインシュタインの式の導出

　高校物理で出てくる"質量保存の法則"と"運動量保存の法則"だけを使って，1946年にアインシュタイン自身が行った初等的証明に基づき，アインシュタインの式を導いてみよう．

　中央に置かれた物体に向かって，左と右から同じエネルギーの光子が飛んできて，物体に吸収される現象を思い浮かべて欲しい（図3・10）．わざわざ左右から2個の光子を飛ばすのは，左右方向の力が常に釣り合った状態にしておくためである．物体の質量をM，光子1個のエネルギーをEとする．エネルギーEの光子がある質量（仮にmと置く）に等価だと仮定して，Eとmの関係が欲しい．

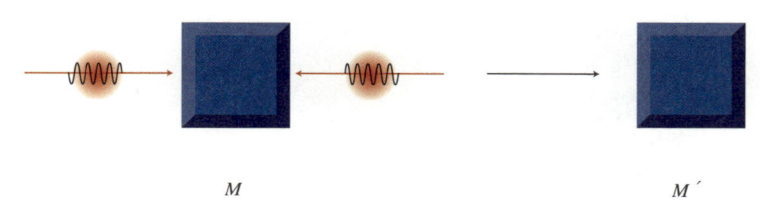

図3・10　静止している系から見た光子の吸収．

　さて物体が2個の光子を完全に吸収したなら，そして光子のエネルギーが質量に転化したなら，物体は光子のエネルギーに等価な質量の分だけ，ほんの僅か重くなったはずである．そこで（2個の）光子を吸収した後の物体の質量をM'とすると，「質量保存の法則」から，

　　$M + 2m = M'$

が成り立つ．

　次に，下向きに速度vで等速直線運動している立場で，光子の吸収を観測してみる（図3・11）．下向きに動くシステムから見ると，物体は上向きに動いているように見えるだろう．しかも，光子を吸収する前も吸収した後も，上向きに速度vで動いているように見える．

CHAPTER3 エネルギーと物質の統一

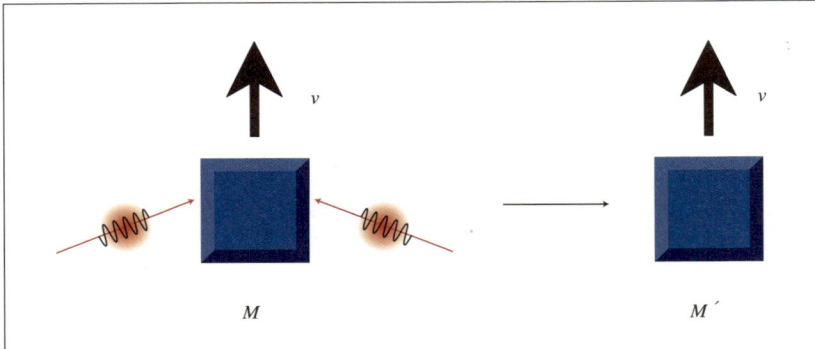

図 3・11 下向きに動いている系から見た光子の吸収.

　ここで，今度は，上下方向での「運動量保存の法則」を考えてみよう．運動量というのは，運動の勢いを表す量で，投球を例にとると，軟式野球のボールよりは重い硬式野球のボールの方が運動量は大きく，同じボールならスピードの速い方が運動量は大きい．だから，運動量とは，直感的には，球を捕るキャッチャーの痛さのようなものと言えよう．

　具体的には，質量 M の物体が速度 v で動いているときの運動量は，Mv と定める（動いていなければ，$v=0$ なので，運動量も 0 である）．

　物体が光子を吸収する現象を，静止した状態で観測しているとき，物体は（上向きに）動いていないので，上向きの運動量は，光子を吸収する前も吸収した後も 0 である．したがって，光子を吸収する前と後での，運動量の変化はない．すなわち（0＝0 ではあるが）運動量は保存されている．

　一方，下向きに速度 v で動いているシステムから観測したとき，物体は上向きに速度 v で動いているように見えるので，（動いているシステムから見た）物体の運動量は，Mv と観測される．物体が光子を吸収した後は，質量が M' になったが速度は v のままなので，（動いているシステムから見た）上向きの運動量は，$M'v$ と観測される．速度 v は同じで，質量は M' の方が M より大きいから，光子を吸収した後の方が（吸収する前よりも）運動量が増えていることになる．でも，静止したシステムで見たときは，（上向きの）運動量の変化はないのだから，これはおかしな話だ．では，余分の運動量はどこから来るかというと，光子が運んできたと考えざるを得

3.3 アインシュタインの式

ない.そう,物体に吸収された光子が(上向きの)運動量を増やしているのである.

物体の場合には,上に書いたように,質量と速度の積が運動量になる.しかし,光子は,質量はないし,速度はいつも光速である.では,光子は,どれだけの運動量を運ぶのだろうか? 実は,光子のように光速で飛ぶ粒子の運動量は,そのエネルギーを光速度で割ったもの,

$$E/c$$

になることがわかっている.つまり,光子のエネルギーが大きいほど運動量も大きくなるのである.

この関係を使って,先の話を検討してみよう.静止したシステムから見たとき,光子は真横に飛んでいるので,運動量も真横の成分だけである.しかし,下向きに動くシステムから見ると,光子は少しだけ上向きに飛ぶように見える.これは,先にも出た,「光行差」と呼ばれる現象である(下向きという進行方向に対しては,前方からやってくるようにみえる).この斜め上向きに飛んでくる光子は,上向きの運動量を少しだけもっていて,物体に当たって吸収されるときに,物体を少し上向きに押す.これが先ほどの物体の運動量の変化で帳尻の合わなかった部分である.

具体的にいくらになるかと言うと,光子1個の運動量は E/c だが,これがそのまま物体に与えられるわけではない.と言うのは,光子は斜めに動いているからだ.光子は光速度 c で飛び,物体は速度 v で動くので,光子が水平方向に c だけ進んだとき,上下方向には v だけずれる.そこで直角三角形の相似から,上向きの運動量の割合は,光子の運動量のうちの v/c になる(厳密に言えば,ここでは v が c より十分小さいことを使っている).結局,2個の光子が物体に与える上向きの運動量は,

$$2\times(E/c)\times(v/c)$$

になる.この光子の寄与を含めると,下向きに動くシステムから観測した,物体の上向きの運動量の保存は,

$$Mv+2(E/c^2)v = M'v$$

と表されることになる.

これでやっと役者が出揃った.後は式をちょこっとだけ変形するだけだ.まず,運動量の保存の式のすべての項に v が付いているので,全体を v で

割ると，
$$M + 2(E/c^2) = M'$$
が得られる．ここで，質量保存の式から M' を消去すると，
$$M + 2(E/c^2) = M + 2m$$
となる．さらに両辺から M を消去して，
$$2(E/c^2) = 2m$$
$$E/c^2 = m$$
$$E = mc^2$$
という風に，後はトントントンとアインシュタインの式が出てきた．

　いまの証明の中で，特殊相対性理論はどこに使われていたのだろう．1つは，静止しているシステムから見ても，速度 v で下向きに動いているシステムから見ても，光速度 c は一定であるということを使っている（光速度不変の原理）．もう1つは，どちらのシステムで見ても，質量保存の法則や運動量保存の法則など，同じ物理法則が成り立つというところだ（特殊相対性原理）．

●COLUMN 6●

スターウォーズとスターボウ

　宇宙船の速度が大きくなり光速に近づくと,『スターウォーズ』でミレニアムファルコン号がワープするときのような星空が見えるのだろうか?

　宇宙船の速度が亜光速になると,天球上の星は〈光行差〉のため宇宙船の進行方向へ大移動し,さらに〈ドップラー偏移〉のためスペクトルが変化する. したがって,宇宙船から見える景色は『スターウォーズ』とは似ても似つかないものになるだろう.

　図3・12で表示している星空は,オリオン座の方向を中心とした前方180°の視野である. 一番上のものは,宇宙船が静止しているときの眺めだが,視野の中心にオリオン座の三つ星があり,その周囲にオリオン座の明るい星々が散らばっている. オリオン座の左下の一番明るく輝く白い星が,おおいぬ座α星のシリウスだ. また下方,スクリーンの下半分の中央あたりに

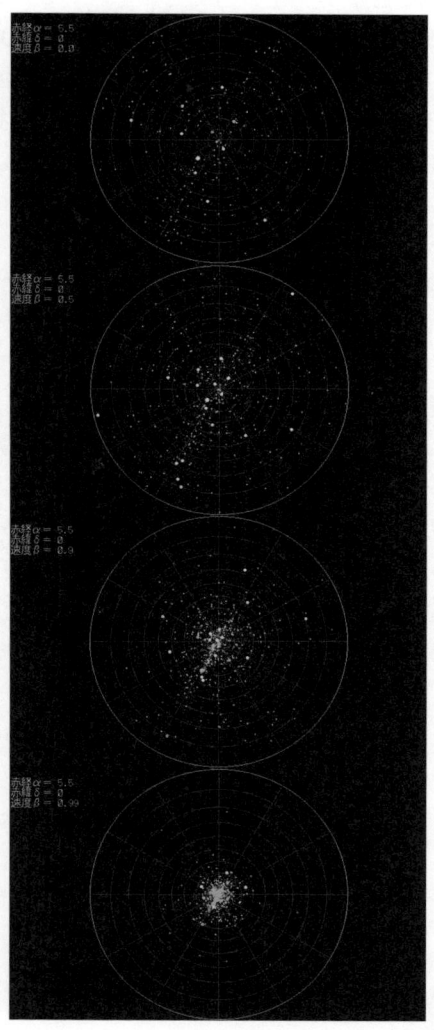

図3・12　"スターボウ"上から,静止状態,光速の50％,90％,99％で航行する宇宙船から視た,オリオン方向の星空の眺め.

CHAPTER3 エネルギーと物質の統一

　ある黄白色の明るい星は，りゅうこつ座α星のカノープスである．以下，宇宙船の速度を光速の50％，90％，99％と上げていったときの船首方向の眺めである．オリオン座の三つ星やシリウスやカノープスなどを目印にしながら，個々の星の変化をみて欲しい．宇宙船の速度が大きくなるにつれ，光行差によって星の見かけの位置がどんどん図の中心に移動しているのが見てとれるだろう．またドップラー偏移のためベテルギュースなどの色が変化しているのもわかる．星景色全体として視ると，速度が大きい場合にはなんとなく色のリングすなわち星虹（スターボウ）が視えてくるような気がしないでもない．

　ただ，肉眼／可視光で見る宇宙は星々で満ち溢れているようだが，宇宙には星以外にも実に多様な天体があることに，注意を喚起しておきたい．例えば中性ガス雲，電離水素雲，分子雲などの星間雲，超新星残骸，原始星，パルサー，赤外線源，X線星，活動銀河，背景輻射，などなど．ドップラー偏移によって波長がずれることにより，通常は電波やX線の目でしか見られないこれらの天体すべてが，スターボウに関わってくるはずだ．このような星以外の天体からの寄与を考え合わせると，亜光速で航行する宇宙船のブリッジからは視える星景色は，おそらく多種多様な天体の織りなす色とりどりのパッチワークを背景に，3～4彩に輝く宝石すなわちドップラー偏移した星々をちりばめた万華鏡のような幻想的な眺めになるのではなかろうか．まさに万華虹の宇宙である．

CHAPTER 4
時空とエネルギー物質の統一

 本章から，いよいよ，一般相対論の基本的な性質，とくにブラックホール周辺で起こる現象について述べていく．まず本章では，ブラックホール時空の基本性質として，一般相対論の柱である等価原理，重力場中での時間の遅れ，そして空間の曲がりについて，説明していこう．

4.1 等価原理と一般相対論

1) 等価原理

 外の景色が見えないエレベータの中に閉じ込められているとしよう．

 まず，地上でエレベータが停止しているときは，地球の重力が働いているので，"重さ"（下向きの重力）を感じるだろう（図4・1）．一方，そのエレベータが1Gで加速している宇宙船に積まれているときにも，"重さ"（下向きの力）を感じるだろう．では，その"重さ"の感覚だけから，自分が地上で停止したエレベータに乗っているのか，それとも宇宙空間で加速しているエレベータに乗っているのか，区別することができるだろうか？ 自分が感じる"重

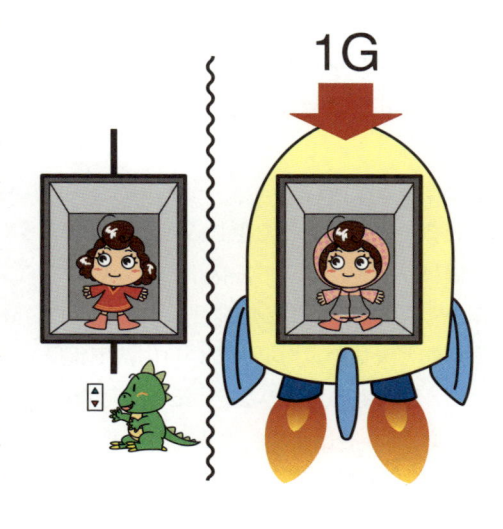

図4・1 有重力状態．

図4・2　無重力状態.

"の原因が，重力によるものなのか，加速運動によるものなのか，その違いがわかるだろうか？　直感的にもわかるように，"重さ"の感覚だけから区別することはできない．

今度は逆に，エレベータを乗せた宇宙船が宇宙空間で静止しているときは，まったく"重さ"を感じないだろう（図4・2）．いわゆる「無重力状態」とか「自由落下状態」と呼ばれる状態である．一方，地球の上で，エレベータを吊しているワイヤが切れたとき，摩擦とか空気の抵抗がまったくなければ，エレベータは地面へ向けて「自由落下」する．このとき，エレベータの中にいる人もエレベータと一緒に自由落下状態になり，やはり"重さ"を感じなくなるだろう．では，その"自由落下"の感覚だけから，自分が宇宙空間で静止しているのか，それとも地上で自由落下しているのか，区別することができるだろうか？　これも直感的にもわかるように，区別することはできない．

　天体の重力によって生じる力と加速によって生じる力が（感覚的にあるいは正確には測定によって）区別できないのなら，それらをまったく同じものだとみなそうと，アインシュタインは提案した．あるいは同じく，宇宙空間の無重力状態と天体の重力場中での自由落下状態も，実験的に区別できないなら，まったく同じものだとみなそうと提案したのである．これが一般相対論の1つの柱である，「等価原理」の基本的な考えだ．

2）**一般相対性原理**

　一般相対性理論（一般相対論）のもう1つの柱は，「一般相対性原理」で，これは重力場中にいる人にとっても，加速運動している人にとっても，あるい

は，慣性系でない非慣性系にあるどのような人にとっても，自然の法則は同じように成り立つ，という考えだ．この一般相対性原理は，特殊相対性原理をさらに普遍化したものである．

ちなみに，アインシュタインが一般相対論を提唱したのは，1915年から1916年にかけてだが，一般相対論で扱う運動は，等速直線運動している慣性系だけではない．より一般的な加速系も扱うことができるので，"特殊"相対論と区別する意味で，後に，"一般"相対論とか"一般"相対性原理と呼ぶようになったのである．

3）慣性質量と重力質量

ニュートンの運動の法則では，質量をもった物体に力を加えると加速する．このとき，質量が大きいほど加速しにくい．逆に，動いている物体を止めるとき，質量が大きいほど止めにくい．この加速や減速の際に問題にしている"質量"は，動かしにくさ，慣性の大きさを表すものなので，「慣性質量」と呼ばれる．一方，ニュートンの万有引力の法則では，物体に働く重力の大きさは，物体の質量に比例する．すなわち質量が大きいと，重力が強くなる．この重力における質量は，慣性質量とは意味合いが違うので，「重力質量」と呼ばれる（図4・3）．

図4・3　慣性質量と重力質量．

経験的には，これらの質量はまったく同じようにみえる．実際，慣性質量と重力質量が等しいかどうかについては，長年にわたって，さまざまな実験方法で検証されてきた．具体的には，ニュートンが振り子を用いた実験で，10^{-3}の精度で確かめている．また捩り秤を用いた有名なエートヴェース（R.v. Eötvös）らの実験では，1890年に5×10^{-8}の精度まで，1922年には10^{-9}の精度まで確かめられている．その後も精度が上げられ，1972年のブラジンスキー（V.B. Braginskii）らの実験では，何と，10^{-12}の精度まで慣性質量と重力質量が一致することが検証されている．

運動の仕方と重力とは，本来まったく別物なので，慣性質量と重力質量が同じである必然性はない．もともとは，重力によって感じられる重さと加速によって生じる重さとは，まったく違う種類の"重さ"のはずなのだ．しかし，実験的には，非常に高い精度で，慣性質量と重力質量が等しいことが実証されている．等価原理は，慣性質量と重力質量が原理的にも同じものであることを主張するものであり，ここにいたって，慣性質量と重力質量の問題もきれいに解決されたのである．

また等価原理の考え方だと，先に述べたように，重力場中で静止しているシステムでは重さを感じるから，これは加速系と同じで，慣性系ではない．逆に言えば，重力を及ぼす天体の周辺において，加速を感じない本来の自然な慣性系は，天体の中心に向けて自由落下している系なのだ．天体の近くで静止している系は，静止し続けるために（！），上向きに一所懸命加速してなければならないのである．つまり，自由落下状態という最も自然な状態である慣性系を基準にして，そこから加速系に移行し，さらには加速系を重力場に置き換え，あるいはその逆の置き換えをする，というような操作を繰り返すことによって，あらゆる運動を解析することが可能になったのである．

ちなみに自由落下は，もともとは重力場中での落下を指す言葉だったが，いまでは，宇宙空間での無重力状態も自由落下と呼ぶようになった．いや，「自由落下」という言葉のもとをさらに辿れば，実は，この言葉が最初に使われたのはSF小説の中である．アメリカのSF黄金期にロバート・ハインライン（R. Heinlein）がSFで使ったのが最初だとされる．そしてその後，科学の業界へ逆輸入され，専門語として定着したらしい．

4.2 重力場中での時間の遅れ

1）固有時間

　先に述べたように，特殊相対論では，時間は宇宙全体で普遍的なものではなく，ひとつひとつの慣性系で異なる物理量で，観測者の運動状態によって変化する．加速系や重力場など非慣性系を考える一般相対論でも事情は同じだ．慣性系，非慣性系を問わず，あらゆるシステムで，時間はシステムの物理的実在であり，観測者一人一人の属性なのである．そして観測者の運動状態や重力場の強さなどによって変化するものなのである．非慣性系の場合も含め，観測者一人一人の時間のことを「固有時間」と呼んで，τ（タウ）で表わす（図4・4）．

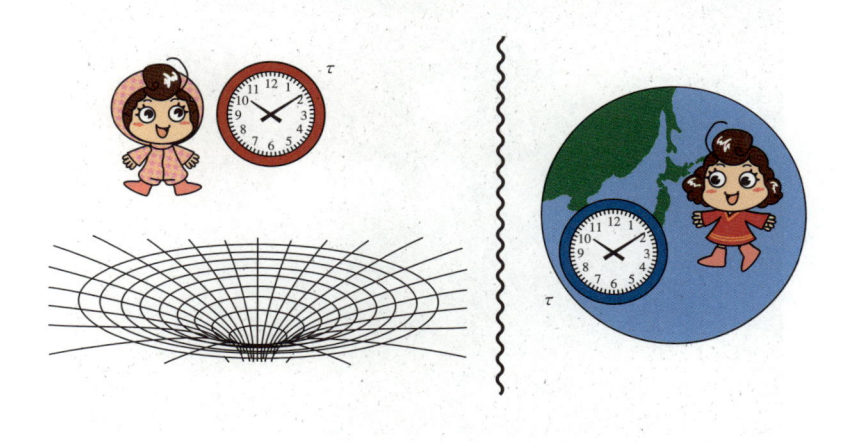

図4・4　固有時間．

　以下で述べるように，重力場中では時間の進み方は遅くなる．いろいろな場所にいる観測者同士の時計を比べるときに，いつも固有時間同士を比べ合うのも面倒なので，重力場から無限に離れて重力場の影響がまったくない場所で静止している観測者の固有時間を基準にして，それと比べる方が便利である．そのような時間を無限遠の「座標時間」（t で表す）と呼ぶことがある．

2）遅延関数

　重力場中で時間が遅れる仕組みは，特殊相対論と等価原理を使えば，以下のように考えることができる．まず，等価原理の考え方では，重力を及ぼす天体

の周辺において，加速を感じない本来の自然な慣性系は，天体の中心に向けて自由落下している系である．したがって，天体の近くで静止し続けて重力を感じている系は，上向きに一所懸命加速している状態と等価である．一方，特殊相対論から，運動する系では時間が遅れるので，天体の近傍でも時間が遅れるのである．さらに，重力場が強ければ強いほど，時間の遅れの割合も大きくなる．したがって，ブラックホールのまわりなどでは，ブラックホールの地平面に近づけば近づくほど，時間の遅れの割合は大きくなる（図4・5）．

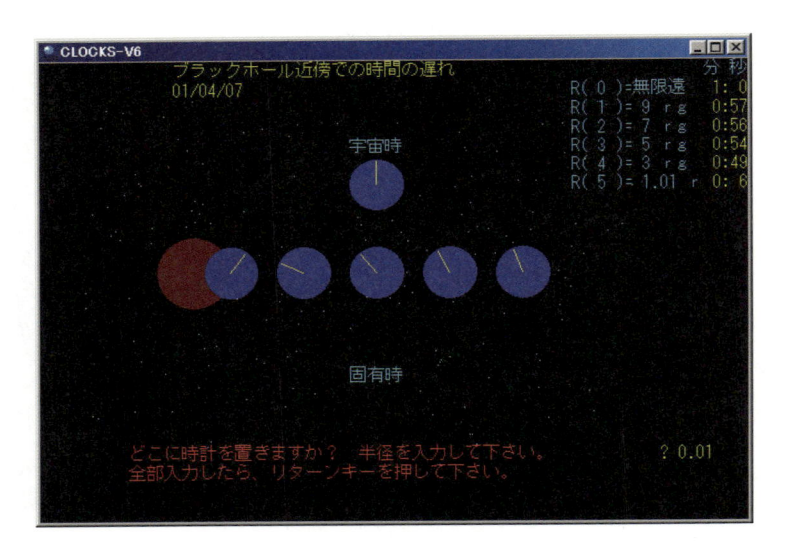

図4・5　ブラックホール近傍の時計の進み方．

　重力場中では，無限遠の座標時間 t と固有時間 τ の比率，すなわち固有時間で1秒経過したときに座標時間ではその何倍の時間が経っているかという割合"の逆数"を，「遅延関数」と呼んで L で表す（lapse の L）．ブラックホールの地平面に近づくほど，固有時間の進み方は遅くなり，遅延関数 L は小さくなる（図4・6）．シュバルツシルト半径の何倍になるかで表したブラックホールからの距離を r，そこにいる人の時間（固有時間）を τ，遠方にいる人の時間（地球時間）を t とすると，時差は表4・1のようになる．

4.2　重力場中での時間の遅れ

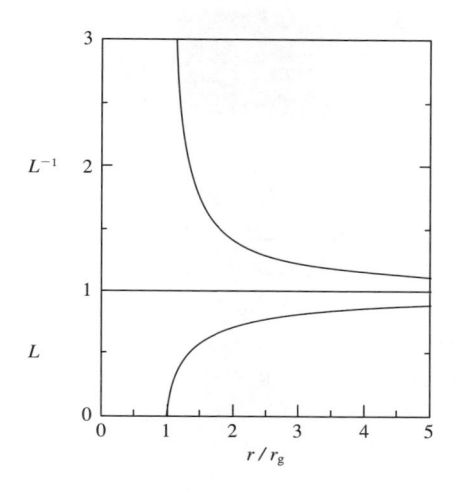

図 4・6　遅延関数 L.

表 4・1　ブラックホールからの距離と遅延関数

距離 r	遅延関数 L	固有時間 τ	地球時間 t
∞	1	1秒	1秒
100	0.9950	1	1.005
10	0.9487	1	1.054
5	0.8944	1	1.118
4	0.8660	1	1.155
3	0.8165	1	1.225
2	0.7071	1	1.414
1.5	0.5773	1	1.732
1.1	0.3015	1	3.317
1.01	0.0995	1	10.05
1.001	0.0316	1	31.64
1.0001	0.0100	1	100.01
1.00001	0.0032	1	316.23
1.000001	0.0010	1	1000.00

数式コーナー

遅延関数の導出

具体的に，遅延関数 L すなわち重力場中での時間の遅れの式を求めてみよう．遅延関数をきちんと求めるには，一般相対論を使わなければならないが，特殊相対論の結果と等価原理の考え方を使えば，ニュートン力学の立場でも以下のように求めることができる．

まずいろいろな量を表す文字として，

　　ブラックホール中心からの距離を r
　　無限遠での座標時間を t
　　距離 r での固有時間を τ（タウ）
　　距離 r での自由落下の速度を v

とする．

さて，等価原理の考え方では，ブラックホールから距離 r の位置で，自然なシステムは中心に向けて自由落下している系であり，距離 r の位置に静止して重力を感じているということは，中心から外向きに一所懸命加速している状態と等しい．このときの上向きの（仮想的な）速度を v と置けば，特殊相対論の結果から，座標時間 t と固有時間 τ の比率は，

$$t/\tau = \gamma = 1/\sqrt{1-v^2/c^2}$$

のように表せる．

ここで，仮想速度 v の評価として，距離 r での脱出速度に等しいとすると，$v^2 = 2GM/r$ より，

$$t/\tau = \gamma = 1/\sqrt{1-2GM/c^2 r}$$

が得られる．

遅延関数 L は τ/t で定義するので，

$$L = \tau/t = \sqrt{1-2GM/c^2 r}$$

となり，さらに，$2GM/c^2 = r_\mathrm{g}$（シュバルツシルト半径）と置けば，最終的に，遅延関数 L が座標 r の関数として，

$$L = \tau/t = \sqrt{1-r_\mathrm{g}/r}$$

のように表せる．

3）重力場中における時間の遅れの実証

　ブラックホールのまわりでは，重力場が強いだけに時間の遅れの効果も大きくなるが，地球上でも重力があるので，非常に僅かではあるが，重力場による時間の遅れは存在する．実際 1970 年代に入って精密な原子時計が作られてからは，原子時計を用いて地球近傍での時間の遅れが測定されている．

　例えば 1971 年にハーフィールとキーティングによって行われた実験では，4 個のセシウム原子時計を飛行機に持ち込んで，東まわりと西まわりで地球のまわりを一周した．そして地上に置いていた時計と，飛行機で地球を一周した時計の進み具合いを比較した（図 4・7）．

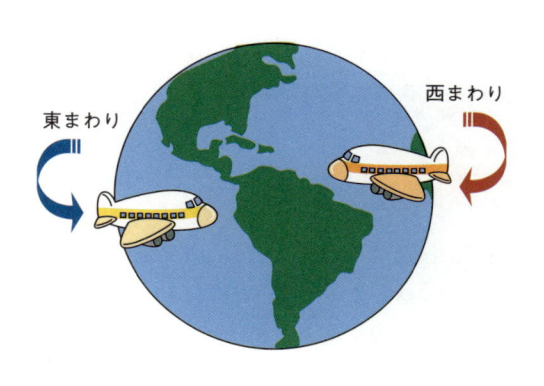

図 4・7　時間の遅れの検証実験．

　まず東まわりの飛行を考えてみよう．飛行機に乗せた時計は地上に置いた時計より高い場所，したがって重力場の弱い場所にあるので，地上の時計より早く進むはずである．飛行高度などにもよるのだが，ハーフィールとキーティングの実験では，144 ナノ秒ぐらい進むと予想された（1 ナノ秒は 10 億分の 1 秒）．ただし特殊相対論的効果も考慮しないといけない．すなわち地上の時計も飛行機の時計も運動しているために，速度に関係して時計の進み方が遅くなる．地球の自転と同じ東まわりの飛行の場合，飛行機の時計は地上の時計より早く運動するので，一周の間に，約 184 ナノ秒遅れると見積もられた．

　結局，先の重力場によるものと合わせて，東まわりの飛行では，飛行機の時計が約 40 ナノ秒遅れると予想された．そして実験の結果，実際の遅れは約 59 ナノ秒だった．

　同じように，西まわりの飛行では，飛行機の時計は，一般相対論的な効果に

よって約179ナノ秒，特殊相対論的な効果によって約96ナノ秒，合わせて約275ナノ秒進むと予想されたが，実際には約273ナノ秒進んだ．

　普通の旅客機を使うという割と安直な方法だったのだが，およそ10％の精度で一般相対論（および特殊相対論）が検証されたのである．原子時計のおかげであることも確かだが，コロンブスの卵的アイデアの勝負でもあった．今日では，精度などの点で彼らの実験結果は疑問視されているが，原理的には正しい実験だった．

　また1976年には，ロケットの弾道飛行を利用した実験が，NASAおよびスミソニアン天体物理学観測所のR.F.C. ヴェッソーとM. W. ルヴィンらによって行われた．彼らはロケットに，同じ周波数できわめて安定した発振をする水素メーザー原子時計を積んで，約1万キロメートルの高度まで打ち上げた．水素メーザーの精度は，100秒で10の15乗分の1狂わないほどであった．また同時に地上にも同じ水素メーザー原子時計を置いて，地上とロケットとの間でマイクロ波で信号をやりとりし，ロケットと地上のそれぞれの原子時計の進み具合いを比較したのである．この実験の結果，やはりロケットに搭載した原子時計の方が，地上のものより早く進むことが観測された．彼らの得た重力赤方偏移の検証精度は，2×10^{-4} すなわち0.02％にもなるもので，きわめて高い精度だと言える．

　まあいずれにせよ，地球近傍では，きわめて高い精度（0.02％）で一般相対論的な時間の遅れが検証されている．

4.3　ブラックホール時空の幾何学

1）ユークリッド空間

　万有引力の法則では，重力は2つの質点間の力として考えたが，一般相対論では，重力の作用は空間の幾何学に置き換えて考える．すなわち，質量が存在して他の質量を引き寄せるという作用は，質量が存在するとまわりの時空が歪んでしまい，その歪みが遠方に伝わっていって，離れた場所にある別の質量が影響を受けるという風に考えるのである．曲がった空間とは，一体どんなモノなのかを考えるために，まず，"曲がっていない"空間から復習しよう．

　ギリシャの数学者ユークリッドは，それまでの幾何学を集大成し，紀元前

4.3 ブラックホール時空の幾何学

330年に『幾何学原本』としてまとめ上げた．この『幾何学原本』の最初には，以下の10の「公理」が挙げられている．

1. 同じものに等しいものは，また互いに等しい．
2. 等しいものに等しいものを加えれば，結果もまた等しい．
3. 等しいものから等しいものを引けば，結果もまた等しい．
4. 互いに重なるものは，等しい．
5. 全体は部分より大きい．
6. 任意の点と，それとは違う別の任意の点とを結ぶ，直線を引くことができる．
7. 任意の直線の一部分は延長できる．
8. 任意の点を中心に，任意の長さを半径として，円を描くことができる．
9. 直線はすべて相等しい．
10. 任意の点を通って，その点を通らない直線と平行な直線は，ただ1本だけ引ける．

ここで"公理"と言うのは，これ以上は証明できない基本的な性質のことで，他の多くの"定理"はすべて，これら10の公理から導くことができる．光速度不変の原理や等価原理も，いわば相対論における公理である．

さて問題なのは，第10公理，俗に言う「平行線の公理」である．これもまったく当たり前のようにみえるが，本当にそうだろうか？ 例えば球面の上で平行線は引けるだろうか？

この第10公理を認める幾何学が「ユークリッド幾何学」であり，ユークリッド幾何学の成り立つ"曲がっていない"空間が「ユークリッド空間」である．例えば，平面を念頭に置いて，ユークリッド空間における，直線，三角形，円の性質を考えてみよう（図4・8）．まず「直線」（線分）とは空間内の2点を結んだものだが，ユークリッド空間では，直線は文字通り真っ直ぐな線になる．次に，「三角形」は，3つの異なった点（頂点）を"直線"で結んだ図形で，平面に描かれた三角形では，よく知られているように，内角の和は180°になる．さらに「円」は，ある点（中心）から同一の距離にある点をつないででき

る図形のことだが，平面内の円では，その円周の長さは，半径の 2 倍（直径）に円周率πを乗じたものになる．

図 4・8　平らな空間の幾何学．　　図 4・9　曲がった空間の幾何学．

2）曲がった空間

一方で，ユークリッドの第 10 公理を認めない幾何学は「非ユークリッド幾何学」と呼ばれ，第 10 公理が成り立たない空間を「非ユークリッド空間」と呼ぶ．非ユークリッド空間の代表は球面である．球面を念頭に置いて，非ユークリッド空間における，直線，三角形，円の性質を考えてみよう（図 4・9）．まず「直線」だが，球面のような曲がった空間では，平面上の直線のような真っ直ぐな線は，そもそも描けない．そこで"2 点を結ぶ最短距離の道筋"を直線と定義する．したがって，球面上での直線は大円（球の中心を通る平面と球

面との交線）になる．次に曲がった空間での「三角形」だが，最短距離の道筋を直線と定義すれば，曲がった空間の三角形も平面と同じように，異なった3つの点を"直線"で結んだ図形として定義できる．例えば，球面上での三角形とは，異なった3つの点を大円で結んだ図形になる．すぐわかるように，球面上の三角形の場合，内角の和は180°より大きくなる．同じようにして，球面上の円としては，ある点を中心として，その点から等距離にある点をつないだ図形として，決めることができる．このとき，円の半径は，中心から円周までの大円の長さとする．そして，その特徴だが，球面上の円では，円周の長さは，円の半径の2倍に円周率を乗じたものより小さくなるのだ．

ユークリッド空間

リーマン空間

ロバチェフスキー空間

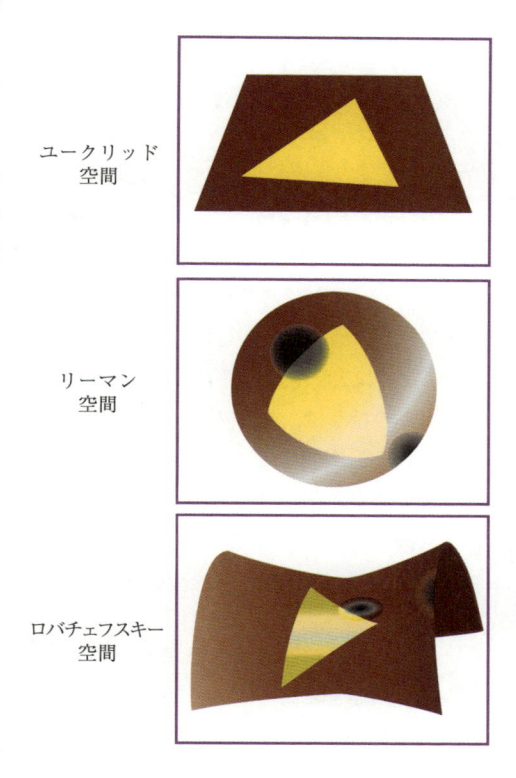

図4・10　3種類の空間．

いま挙げた球面の例では，三角形の内角の和は180°より大きくなったが，曲面の曲がり方によっては，内角の和が180°より小さくなるような曲面もあるだろう．どちらも非ユークリッド空間なのだが，前者をとくに「リーマン空間」と呼び，後者を「ロバチェフスキー空間」と呼ぶことがある（図4・10）．

3）ブラックホール空間

　いよいよブラックホールの場合だが，アインシュタインの一般相対論では，物質（質量）のまわりの空間はどのように曲がっているのだろうか？

　ブラックホールのまわりでも，空間が曲がっているかどうかを調べるために

CHAPTER4 時空とエネルギー物質の統一

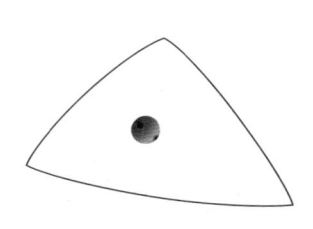

図4・11 ブラックホール空間.

は，まず，物質（質量）のまわりに異なった3点をとって，それらを"最短距離の道筋"すなわち"直線"で結んで，三角形を作る．空間が平らでユークリッド的なら内角の和は180°になるはずだが，空間が曲がっていると，内角の和は180°にはならない．そしてブラックホールのまわりなど物質（質量）のまわりでは，三角形の内角の和は180°を超えるのである（図4・11）．そして質量が大きくて曲がり方が強いほど，内角の和も180°より大きくなる．同じように，円を描いたとき，円周の長さは，半径の2倍に円周率を乗じたものより小さくなる．物質のまわりでは，空間は非ユークリッド的になり，とくにリーマン空間と呼ばれる曲がった空間になっているのだ．ちなみに，曲がった空間に引く"直線"としては，後で述べるように，〈光線〉を使うのがふつうである．曲がった空間について，表4・2にまとめておく．

表4・2 曲がった空間の幾何学

空間	平行線	三角形の内角の和	円の円周	曲率
ユークリッド空間	平行	$=180°$	$=2\pi r$	0
非ユークリッド空間				
リーマン空間	交わる	$>180°$	$<2\pi r$	正
ロバチェフスキー空間	何本も可能	$<180°$	$>2\pi r$	負
ブラックホール空間	交わる	$>180°$	$<2\pi r$	正

数式コーナー

曲率とメトリック

　半径の大きな球面と小さな球面では，直感的にもわかるように，半径の小さな球面の方が曲がり方がキツイ．一般的には，空間の曲がり方の度合いを表す目安として「曲率」を決める．

　一次元的な曲線の場合は単純だ．曲線上の一点 A における曲率 κ（カッパ）は，その点で曲線に接する円の半径 R（「曲率半径」）の逆数で定義する：

$$\kappa = 1/R$$

曲率を曲率半径の逆数で定義しておけば，曲がり方が大きいほど（曲率半径が小さくなり）曲率も大きく，曲がり方が小さい極限（曲率半径が無限大）すなわち直線では曲率は 0 になるので都合がよい．

　曲面の場合はどうなるかと言うと，曲面上のある点の近傍の曲がり方には，必ず最も大きく曲がっている方向（曲率半径が最小）と，最も曲がり方の小さい方向（曲率半径が最大）が存在する．そこで，曲率半径の最大値 R_{max} と最小値 R_{min} の積の逆数として，「全曲率」（「ガウスの曲率」）K を定義する：

$$K = 1/(R_{max} \cdot R_{min})$$

例えば，円筒や円錐ではある方向で曲率半径が無限大になるので，全曲率は 0 になる．

　空間の曲がり方を表す曲率をより一般化したものが，「曲率テンソル」や，また「計量テンソル（メトリックテンソル）」

$$g_{ij}$$

と呼ばれる量である．空間のある点における曲がり方の様子を完全に記述するためには，空間の次元が増えるほどたくさんの数値が必要だ．実際，n 次元空間の計量テンソル（メトリック）の独立な成分は，$n(n+1)/2$ 個ある．具体的には，4 次元時

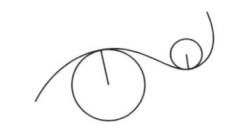

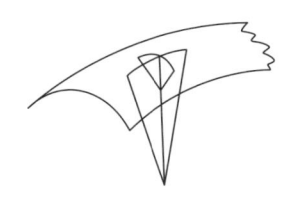

図 4・12　曲率半径．

> 空の場合は，メトリック g_{ij} は 4×4 の正方行列の形に表すことができるが，その正方行列は対称行列になり，16 個の成分のうち，独立な成分は 10 個になる．

4）時空の埋め込みダイアグラム

　ブラックホール時空の曲がり方を視覚的に表すために，仮想的な"超空間"を利用する「埋め込みダイアグラム」がよく使われる．実際の空間は 3 次元だが，3 次元空間を埋め込んだ"4 次元超空間"を表現するのは無理なので，ふつうは空間の次元を 1 つ減らして考える．すなわち埋め込みダイアグラムでは，水平方向には x と y の 2 次元の空間を，鉛直方向には（空間軸ではなく）仮想的な超空間軸をとる．そしてこの超空間軸（h 軸）の方向に曲がり方を表していくわけだ（図 4・13，図 4・14）．

4.3 ブラックホール時空の幾何学

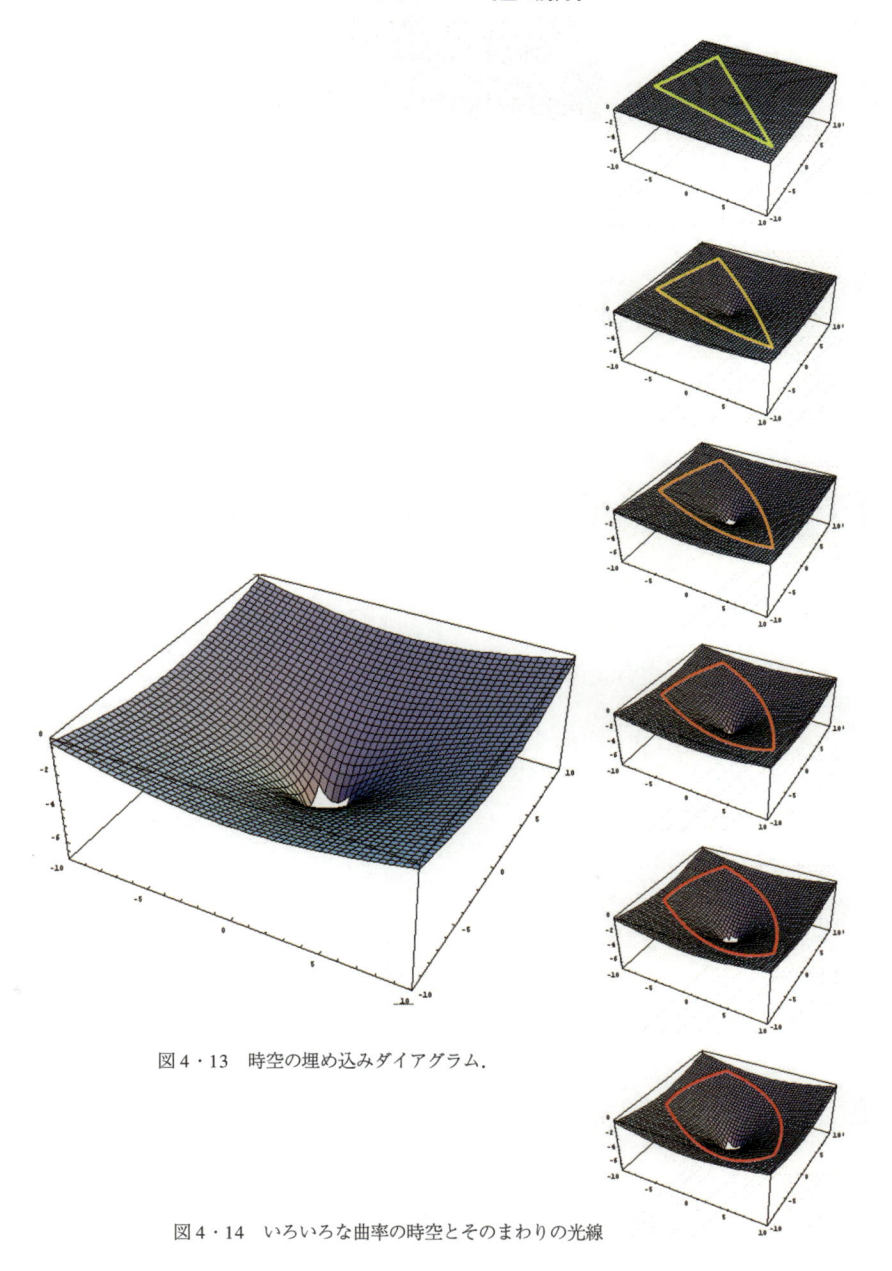

図 4・13 時空の埋め込みダイアグラム．

図 4・14 いろいろな曲率の時空とそのまわりの光線

79

数式コーナー

埋め込みダイアグラムの表式

シュバルツシルト・ブラックホールのまわりの時空を表す埋め込みダイアグラムは，以下の式で表される．ブラックホールの質量を M，シュバルツシルト半径を $r_g\,(=2GM/c^2)$ としよう．空間は x と y の 2 次元だけとし，ブラックホールの中心からの距離を $r\,(=\sqrt{x^2+y^2})$ とすると，鉛直方向に超空間軸（h 軸）をとった座標で，ブラックホール時空は，

$$h=2\sqrt{r_g(r-r_g)}$$

で表される．あるいは，r_g を単位として長さを測れば，

$$h=2\sqrt{r-1}$$

となる．

この表式には，ワームホールのところでまた出会うだろう．

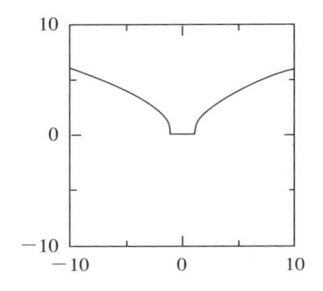

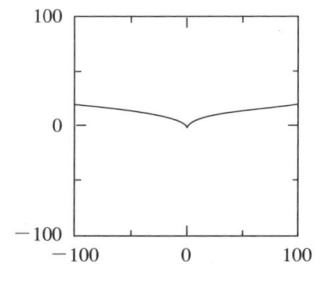

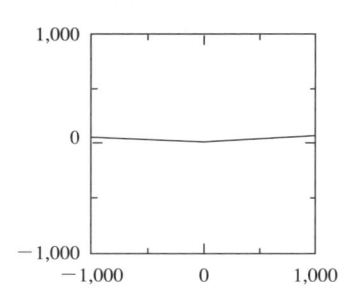

図 4・15　ブラックホールの埋め込みダイアグラム．

●COLUMN 7●

物質と時空を統一した一般相対論

　アインシュタインは，特殊相対論によって時間と空間の絶対性を壊し，時間や空間は観測者によって変化することを導き，そして時間と空間を時空に統一してしまった．時空を統一したアインシュタインは，万有引力の法則をも取り込み，時空と重力の理論を導いた．それが一般相対論である．一般相対論は，曲がった時空の幾何学であり，一般相対論で，ついに時空と物質が統一されたのである．

　アインシュタインが一般相対論で導いた究極の方程式は，「アインシュタイン方程式」と呼ばれているが，形だけ書いてみると，以下のようになる．

$$R_{ik} - \frac{1}{2} g_{ik} R = \frac{8\pi G}{c^4} T_{ik}$$

ここで，

　　　R_{ik} ：リーマンの曲率テンソル
　　　R ：スカラー曲率
　　　g_{ik} ：計量テンソル
　　　T_{ik} ：エネルギー運動量テンソル

と呼ばれる量である．

　アインシュタイン方程式の左辺は，曲率テンソルや計量テンソルがあることから想像がつくように，時空の曲がり方（時空構造）を表している．一方，右辺は，エネルギーすなわち物質の分布や運動の仕方などを表している．アインシュタイン方程式が表している内容は，時空の曲がり方（左辺）が物質に重力作用を及ぼして物質を運動させ，また物質の存在（右辺）が時空の曲がり方を決める，ということなのだ．一般相対論では，時空と物質はお互いに相互作用し変形しうるものとなったのである．

●COLUMN 8●

重力場タイムマシン

　重力場の中では自由空間に比べて時間の進み方が遅くなる．重力場が強ければ強いほど，時間はゆっくりとしか進まない．では，ブラックホールの近くだと長生きできるのだろうか．残念ながら，そうはいかないのだ．例えば人生80年という自然の摂理は，自由空間にいる人にとっても，ブラックホールの近くにいる人にとっても，誰にとっても同じなのだ．ブラックホールの近くにいたとしても，（自分の時間で）長生きできる訳じゃない．自由空間とブラックホール近くとでは，固有時間の進み方が違うだけなのだ．あくまでも，相対的な話なのである．

　もっとも，ブラックホールの近くと遠くで時間の進み方が異なるという効果は，亜光速旅行と同様に，ある種のタイムマシンとして使える．すなわち，いったんブラックホールの近くまで行ってもとの世界に戻ったときには，固有時間のずれのために，少しだけ未来の世界へ戻ることになるだろう．

CHAPTER 5
ブラックホールの重力

　ニュートンの万有引力の法則もアインシュタインの一般相対論も，共に，物質がお互いに引き合う力—重力—に関する理論だ．では，ニュートンの重力とアインシュタインの重力は，どこが違うのだろうか？　本章では，重力の性質について念頭に置きながら，特別な半径であるシュバルツシルト半径，重力と潮汐力，エネルギーとポテンシャルについて，まとめておこう．

5.1　シュバルツシルト半径
1) 脱出速度

　ブラックホールの真の描像はアインシュタインの一般相対論で明らかになったのだが，ニュートン力学を使ってもブラックホールのような天体を考えることができる．実際すでに18世紀末に，イギリスの天文学者ジョン・ミッチェル（J. Michel）やフランスの科学者ピエール・シモン・ド・ラプラス（P. Laplace）らが，光では見えない天体のことを予言している．

　天体の表面から天体の重力に逆らってロケットを打ち上げたとしよう．打ち上げ速度が小さいと，ロケットはふたたび天体の表面へ落ちてくるが，十分な速度で打ち上げれば，ロケットは天体の重力を振り切って無限の彼方へ飛び出していくだろう（図5・1）．無限遠に飛び出すための最低限の速度が，その天体の「脱出速度」である．例えば，地球の脱出速度は秒速11.2 kmだし，太陽の脱出速度は秒速618 kmである（表5・1）．

図5・1　重力を振り切る

CHAPTER5　ブラックホールの重力

表 5・1　天体の脱出速度

天体	質量	半径	脱出速度
地球	6×10^{24} kg	6400 km	11.2 km/s
太陽	2×10^{30} kg	70 万 km	618 km/s
白色矮星	約 1 太陽質量	約 1 万 km	約 1 万 km/s
中性子星	約 2 太陽質量	約 10 km	約 10 万 km/s
恒星ブラックホール	約 10 太陽質量	30 km	30万 km/s（光速）
巨大ブラックホール	約 1 億太陽質量	2 天文単位	30万 km/s（光速）

　天体の半径が同じなら，天体の質量が大きいほど表面での重力が強いので，脱出速度は大きくなる．また天体の質量が同じなら，天体の半径が小さいほどやはり表面での重力が強くなるので，脱出速度は大きくなる．そこでミッチェルやラプラスは，天体の質量をどんどん大きくしていけば，ついには脱出速度が光速を超えてしまい，そしてそのような天体からは光でさえ脱出できないので，観測することができないだろうと予想したのである．

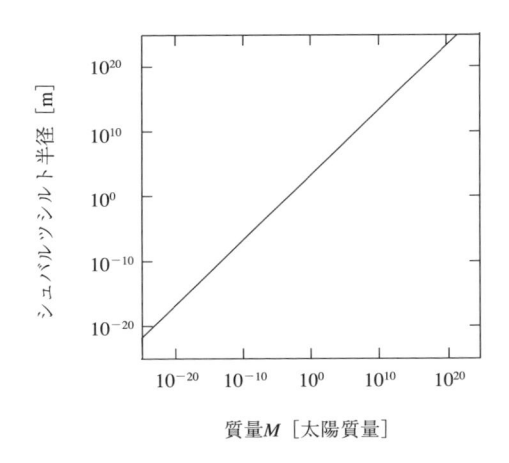

図 5・2　質量とシュバルツシルト半径の関係．

5.1 シュバルツシルト半径

2) シュバルツシルト半径

ニュートン力学の脱出速度で考えると,天体表面での脱出速度が光速に等しくなるときの半径が「シュバルツシルト半径」である.シュバルツシルト半径の内側がブラックホール領域と考えていいので,シュバルツシルト半径は,いわば"ブラックホールの半径"である.

シュバルツシルト半径は天体の質量に比例して大きくなり,具体的には,地球の質量だとシュバルツシルト半径は9ミリ,太陽の質量だと3km,そして太陽の10倍の質量のブラックホールだと30kmになる(表5・2).

表5・2 天体のシュバルツシルト半径

天体	質量 M	半径 R	シュバルツシルト半径 r_g	比率 r_g/R
地球	6×10^{24} kg	6400 km	0.9 cm	7億分の1
太陽	2×10^{30} kg	70万 km	3 km	20万分の1
白色矮星	約1太陽質量	約1万 km	3 km	0.0003
中性子星	約2太陽質量	約10 km	6 km	0.6
恒星BH	10太陽質量	30 km	30 km	1
巨大BH	1億太陽質量	2天文単位	2天文単位	1

このようなニュートン力学の描くブラックホールのイメージは,非常にわかりやすいし,また受け入れやすいものである.しかしながら,ブラックホールの本質を得るには一般相対論が必要だった.ブラックホールはアインシュタインの一般相対論を用いて,はじめて正しく記述することができる.

一般相対論では質量のまわりでは空間が曲がっていると考える(図5・3).天体の質量を固定して半径を小さくしていくと,狭い領域に質量が集中するので,空間の曲がりもどんどん大きくなるだろう.光は空間の曲がりに沿って進むのだが,空間の曲がりがあまりに大きくなると,光さえも空間のゆがみの中から逃れることができなくなる(脱出速度のたとえで言えば,脱出速度が光速になる).一般相対論が描くブラックホールとは,このように時空の曲率が大きくなって,光でさえも脱出できなくなった天体なのだ.

CHAPTER5 ブラックホールの重力

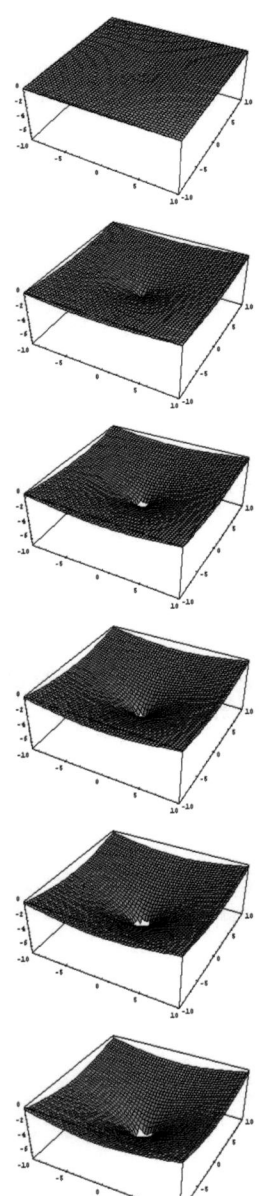

図 5・3 3次元の超空間に埋め込まれた 2 次元の実空間．重力が強くなると空間の歪みが大きくなり，ついには，空間の曲がりに穴が開いてしまう．

数式コーナー

脱出速度の導出

　天体の脱出速度を具体的に求めてみよう．

　ロケットが無限遠に飛び去ることができるということは，天体の表面で，ロケットの運動エネルギーが位置エネルギーを超えていることになる．

　ロケットの質量を m，天体表面での打ち上げ速度を v とすると，打ち上げ時のロケットの運動エネルギーは，

$$\frac{1}{2}mv^2$$

である．一方，天体の質量を M，半径を R とすると，ニュートン力学に基づく，天体表面での万有引力の位置エネルギーは，

$$-\frac{GMm}{R}$$

である．この運動エネルギーと位置エネルギー（の絶対値）を等しいと置くと，

$$\frac{1}{2}mv_{\text{esc}}^2 = \frac{GMm}{R}$$

となる．両辺から m を消去し，2倍してルートをとると，脱出速度として，

$$v_{\text{esc}} = \sqrt{\frac{2GM}{R}}$$

が得られる（地球の場合，11.2 km/s で，「第2宇宙速度」とも呼ばれる）．

　なお，天体の表面ギリギリで，天体のまわりを周回する人工衛星の速度は，

$$v_{\text{orb}} = \sqrt{\frac{GM}{R}}$$

になるので，脱出速度と $\sqrt{2}$ 倍だけ異なる（地球の場合，7.9 km/s で，「第1宇宙速度」とも呼ばれる）．

数式コーナー

シュバルツシルト半径の導出

脱出速度 v_{esc} が光速 c に等しくなる条件は,

$$v_{\mathrm{esc}} = \sqrt{\frac{2GM}{R}} = c$$

である.この両辺を 2 乗すると,そのような天体の半径 R と質量 M の間には,

$$R = \frac{2GM}{c^2}$$

という関係が成り立つことになる.

　これが,ニュートン力学で求めた"ブラックホールの半径"である.一般相対論で求めたブラックホールの半径「シュバルツシルト半径」と完全に一致する.このことは,やや誤解を引き起こしそうな点ではある.ニュートン力学の見積もりと一般相対論の結果が一致するのは不思議な感じがするだろう.

　この一致は,ある意味では必然であり,ある意味では偶然である.まず,物理的な関係は,ニュートン力学でも一般相対論でも基本的には同じなので,万有引力定数 G や光速 c さらに質量 M への依存性は,当然,同じ形になる.また,一般相対論の方がより正確ではあるものの,一般相対論の結果がニュートン力学の結果と 10 倍も 100 倍も違うわけではない.実際,一般相対論を使って太陽の重力が 10 倍も強くなったりしたら大変である.だから,ニュートン力学でも一般相対論でもオーダー(桁)が一致するのは必然なのである.ただしファクター(例えば上の式の係数の 2)まで一致するのは,この場合は偶然なのだ.ニュートン力学の計算と一般相対論の結果が,いつでもファクターまで一致するとは限らない.実際,たいていは係数は異なる.

5.2 重力と潮汐力

1）ニュートンの重力

　この宇宙に存在するあらゆるモノは，すべてがお互いに引き合っている．この万物が有する引力のことを，ニュートンは「万有引力」と名づけた（図5・4）．ニュートンの「万有引力の法則」では，2つの物体の間の万有引力は，物体の質量が大きいほど大きく（＝万有引力はそれぞれの物体の質量の積に比例する），また物体の間の距離が近いほど大きい（＝万有引力は物体の距離の2乗に反比例する）．そして，ニュートンの絶対時間・絶対空間の枠組みの中では，万有引力は"瞬時"に届くと考えられていた．そういう意味で，万有引力は，"遠隔作用"する力である．

　万有引力の原因については不明だが，いったん万有引力を認めてしまえば，いろいろなことが一挙に理解できる．例えば，地上の落ちるリンゴも天空に浮かぶ月も，共に，万有引力の法則の下にある．すなわち月は落ちてこないわけではなく，実は，地球へ向かって常に落ち続けているのだ．もし，万有引力がなければ，慣性の法則で真っ直ぐに飛び続けていってしまうだろう．

　万有引力は本来はとても小さな力である．例えば，（正の電荷を帯びた）陽子と（負の電荷を帯びた）電子の間には，万有引力に加え電

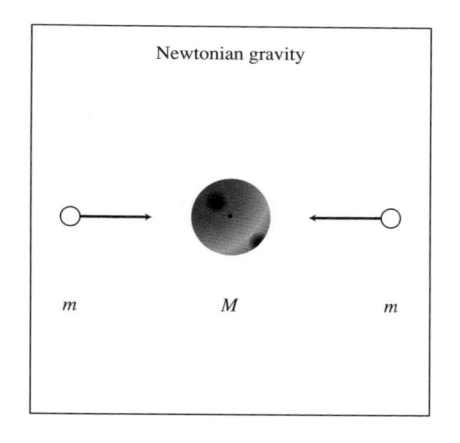

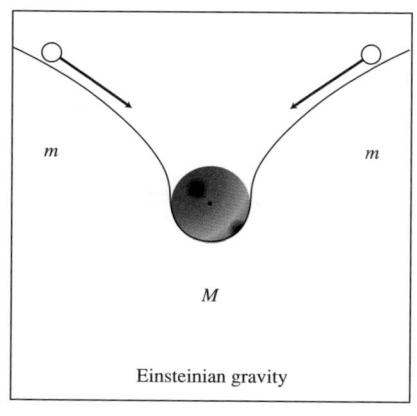

図5・4　それぞれの重力．

気的な力も働く。このとき,陽子と電子の間の万有引力は,陽子と電子の間の電気的な引力に比べて無視できる(10^{49}分の1ぐらいに過ぎない)。しかし物体のサイズが大きくなると,プラスとマイナスの電荷は全体として打ち消し合ってしまうので,全体的には万有引力だけが残り,地球などの天体になると,万有引力はとても大きな力になる(表5・3)。

なお,地球のような天体が他の物体を引きつけるときには,万有引力のことを「重力」と呼ぶこともある。惑星がきれいな軌道を描けるのも,地上の物体が地球上にとどまっていられるのも,重力の働きのおかげだ。また,"単位質量あたりに働く重力"を「重力加速度」と呼ぶ。

表5・3 表面重力と重力加速度と潮汐加速度(身長2mで体重60kgの人にかかる値)

天体	表面重力 ($N=kg\,m/s^2$)	表面重力加速度 (m/s^2)	潮汐加速度 (m/s^2)
地球	590	9.8(=1G)	0.000012
太陽	16400	274	0.00000313
白色矮星	8.0×10^7	1.3×10^6	1.06
中性子星	1.6×10^{14}	2.7×10^{12}	2.1×10^9
恒星ブラックホール	8.9×10^{13}	1.5×10^{12}	3.9×10^8
巨大ブラックホール	3.5×10^7	5.9×10^5	3.2×10^{-5}

2)アインシュタインの重力

一般相対論では,重力の作用を空間の幾何学に置き換えた。すなわち,一般相対論の考え方では,まず,質量の存在は周囲の空間を歪め,その空間の歪みが遠方に伝わって他の物体に影響を及ぼす。その影響こそが重力なのである(図5・4)。したがって,一般相対論における重力は,"近接作用"する力である。また空間の歪み(重力の作用)は,光速で伝わると考えられている。

ところで,一般相対論でも,空間が曲がっている理由については,万有引力の法則と同様,説明できない。ニュートンの万有引力の法則にせよ,アインシュタインの一般相対論にせよ,共に説明不可能な基本原理——公理と呼んでもよい——から理論は構築されている。じゃぁ,どちらの理論がいいのだろうか?

よりよい理論の基準は明らかだ。まず第一に自然をより上手く説明できること(そういう意味では,正しい理論というモノはなく,常に,よりよい理論があるだけかもしれない)。そして第二に美しいことだ。万有引力の理論も美し

5.2 重力と潮汐力

い理論ではあるが，一般相対論の方が，時空の幾何学で重力作用を表す方が，より美しく自然とも調和している理論だと考えられている．

実際，ニュートンの重力（N）とアインシュタインの重力（GR）を比べてみると，ほんの僅かながら一般相対論の重力の方が強い（図 5・5）．そしてその違いは，さまざまな実験によって検証できる程度には大きなものであり，一般相対論の重力の方がより正しいことが実証されている．さらに重力場の中心に近づくほど，この違いは大きくなる．この差異こそが，ブラックホールの原因でもあるわけだ．

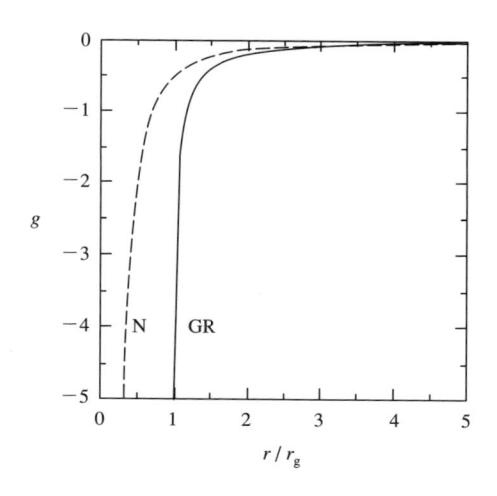

図 5・5 重力加速度 g の違い．

数式コーナー

重力と重力加速度

ニュートンの万有引力には次のような性質がある.
(1) 相手の質量や自分の質量が大きいほど万有引力は強い.
(2) 物体同士の距離の 2 乗に反比例して万有引力は強くなる.

すなわち,質量 M の物体 1 が,距離 r だけ離れたところにある質量 m の物体 2 に及ぼす万有引力の大きさ F は,

$$F = -GMm/r^2$$

と表される.ここで全体の比例定数 G:

$$G = 6.67 \times 10^{-11} \, \text{N m}^2/\text{kg}^2$$

は,物体の種類などによらない宇宙のどこでも共通な普遍的な定数で,これを「万有引力定数」と呼んでいる.またマイナスの符号がついているのは,万有引力が"引力"であることを意味している.

万有引力は,世の中のさまざまな"力"と異なり,非常に平等な力である.万有引力を受ける物体の質量 m だけに依存し,形や材質など他の性質に無関係だ.そこで,質量 M の物体の万有引力を考えるときには,相手の質量 m で割った"単位質量あたりの万有引力" g にしておく方が,いろいろと便利なことが多い.この単位質量あたりの万有引力のことを,「重力加速度」と呼んでいる:

$$g = F/m = -GM/r^2$$

例えば,地球の表面での重力加速度は,M に地球の質量($=6 \times 10^{24}$ kg),r に地球の半径($=6378$ km)を代入して,

$$\text{地球の表面重力加速度} = GM/R^2 = 9.8 \, \text{m/s}^2$$

となる.地上のごく近傍では,重力加速度はほぼ一定とみなせて,この値を,1G(1ジー)と呼んで,重力加速度の単位として使うことがある.

またブラックホールの場合,r にシュバルツシルト半径を入れて整理すると,シュバルツシルト半径での(表面)重力加速度は,質量 M に反比例して減少することがわかる.すなわち質量の大きなブラックホールほど,意外にも表面重力は小さくなるのだ(表 5・3).極端な例としては,地表と同じ 1G の表面重力をもつブラックホールも計算上は可能である.ただし,その質量と半径は,とんでもないものになるが.

3）潮汐力

　重力と切っても切り離せない重要な概念が潮汐力である．重力の強さは天体からの距離によって異なるため，物体が大きさをもっていると物体の各点にかかる重力には違いが出てくる．この物体の各部分にかかる重力の"残差"が「潮汐力」である（図5・6，表5・3）．潮汐力の名前のもととなっている地球潮汐は，月や太陽が地球海洋に及ぼす重力が，表面の場所によって違うために起こっている．

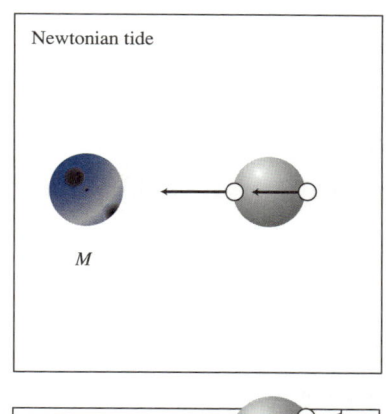

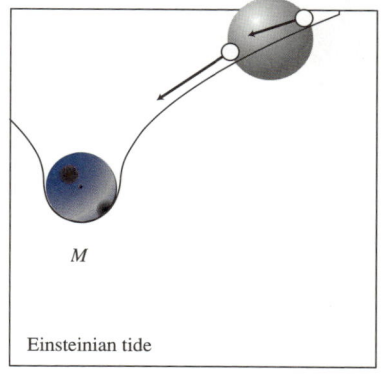

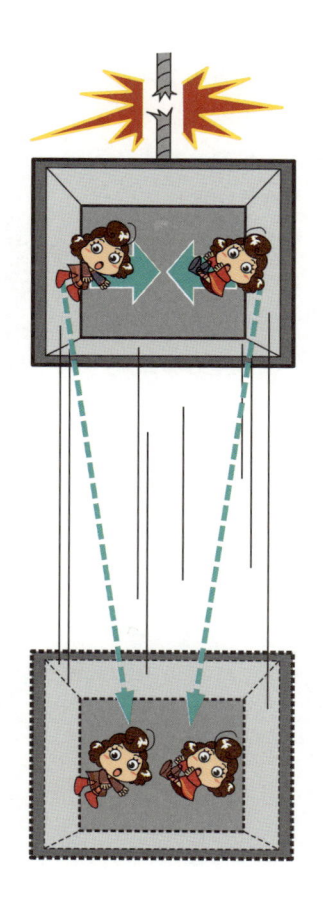

図5・6　それぞれの潮汐力．　　　　　図5・7　自由落下中でも潮汐力は残る．

CHAPTER5　ブラックホールの重力

　重力を平らな空間における遠隔作用と考えるニュートン力学では，"力の差（引き算）"として，潮汐力をとらえる．それに対して，重力を曲がった空間における近接作用として考えるアインシュタインの一般相対論では，潮汐力は空間のひずみそのものである．空間が曲がっている限り，空間内の物体は，空間という入れ物に合わせて自分自身を歪めざるを得ない．このストレスが潮汐力なのである．

　また，潮汐力に関して，もう1つ非常に重要な点は，"潮汐力は消去できない"ということだ．天体に自由落下しているシステムでは，無重力状態になっていて，質量のない宇宙空間で静止したシステムと等価であった．このことを指して，"（等価原理によって）重力は消去できる"ということがある．ところが潮汐力に関してはそうはいかない．物体に大きさがあると，各部分での重力の差が残るからだ．

　ふたたびエレベータの思考実験を思い出して欲しい．天体に自由落下しているエレベータの中で，2つの点を考えると，それぞれの点が自由落下するために，エレベータの中から観測していると，2つの点が近づくようにみえるだろう．本当に重力場のない宇宙空間ではこんなことは起こらない．すなわち，等価原理によって重力が消去できるのは，あくまでも物体の重心という一点だけにおいてである．その意味では，より正確には，等価原理によって，"局所的"に重力が消去できる，と言う．物体が大きさをもっているときに存在する潮汐力は，決して消去できないのである．

数式コーナー

潮汐力と潮汐加速度

 物体が大きさをもっているとき，物体の各部分にかかる重力の違いの差が潮汐力である．

 質量 M の天体から距離 r の位置に，サイズ a の物体（人でも宇宙船でもいい）があるとしよう．天体に近い側（距離 $r-a$）にかかる重力の方が，距離が近い分，遠い側（距離 $r+a$）にかかる重力より大きい．その差，すなわち潮汐力 F_t は，

$$F_t = GMm/(r-a)^2 - GMm/(r+a)^2$$

となる．とくに天体からの距離に比べて物体のサイズが十分小さい（$a \ll r$）とき，上の潮汐力は，

$$F_t = -4GMma/r^3$$

と近似される．ふつうの見積もりには，後者の近似式で十分である．

 また，単位質量あたりの重力を重力加速度と呼んだように，"単位質量あたりの潮汐力"を「潮汐力加速度」と呼ぶ：

$$g_t = F_t/m = -4GMa/r^3$$

例えば，地球の表面で身長 2 m の人にかかる潮汐加速度は，0.0012 cm/s^2 ぐらいで，非常に小さい．

 なお，天体の表面での潮汐加速度は，天体の平均密度に比例する．

 またブラックホールの場合，r にシュバルツシルト半径を入れて整理すると，シュバルツシルト半径での潮汐加速度は，質量 M の 2 乗に反比例して減少する．すなわち大きなブラックホールほど，ますます潮汐力は小さくなる（表 5・3）．例えば，宇宙服を着たままブラックホールに落ちてしまったとして，太陽の 10 倍程度の恒星ブラックホールだと，シュバルツシルト半径に達する前に潮汐力でバラバラに引き裂かれてしまうが，太陽の 1 億倍ぐらいの銀河ブラックホールだと，引き裂かれることなくシュバルツシルト半径を通り過ぎ，生きたままブラックホールの中に入ることができるだろう．

4）等時曲線

重力と潮汐力の違いをみるために，爆散球の等時曲線を比較してみよう．ここで「等時曲線」と言うのは，多数の粒子がある揃った運動をしているとき，ある瞬間に（多数の）粒子の連なりが空間内で描く曲線（曲面）のことで，いわば，ある瞬間を切り取った粒子の分布のスナップショットである．その端的な例が，爆発によって飛散した砕片—爆散球—の描く曲線（正確には曲面）だ．

（a）自由空間

宇宙空間における爆発の場合，爆砕片は無重力かつ真空の宇宙空間では，（爆発点を中心に）等速で広がっていく．このときの等時曲線は球面になる．

爆散球の等時曲線

打ち上げ花火の等時曲線

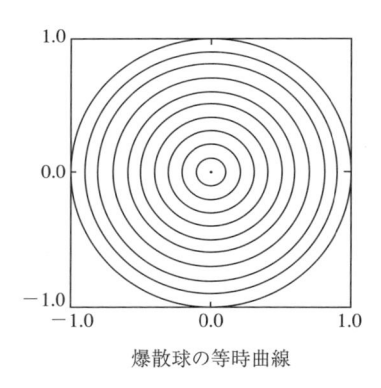

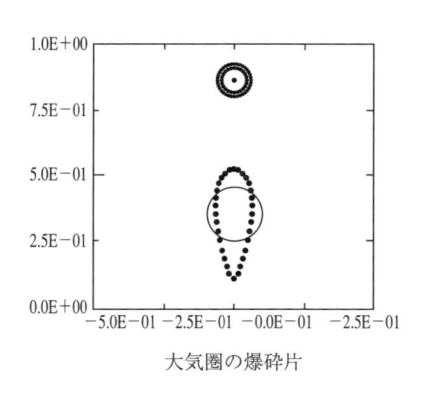

大気圏の爆砕片

図 5・8 等時曲線のいろいろ．

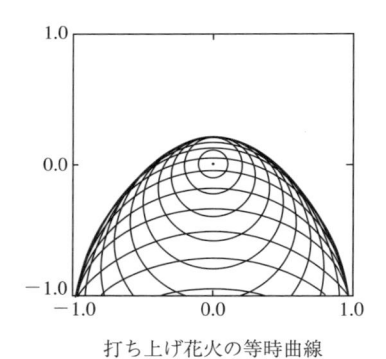

（b）地上の花火

夏の風物詩である打ち上げ花火では，花火が落下する最中にも花火のパターンはあまりくずれない．花火のパターンを形作る各砕片が全部，いろいろな初速度をもちながらも，一定の地表重力の下で自由落下状態にあるためだ．例えば球面状に広がる花火の場合，爆発中心は重力加速度一定で自由落下する．しかし，花火の各砕片も同じように自由落下するので，花火の中心と一

緒に落下する座標系でみれば，花火の各砕片の自由落下運動を消去できて，花火の各砕片は中心から等速で広がっているに過ぎない．すなわち常に球面を維持する．

(c) 天体軌道上での爆散球

では，機動戦士ガンダムなんかでよくあったように，大気圏の軌道空間で戦闘があったとき，爆砕片の広がりはどうなるだろうか（空気抵抗とかは無視する）．このときには，重力加速度が距離によって違うため，潮汐力が重要になる．すなわち爆散球の広がりが中心からの距離に比べて十分小さければ，爆砕片の広がりは球状のままで形はくずれないが，広がりが大きくなると潮汐力によって落下方向に引き延ばされるのである．

5.3 重力エネルギー

1）位置エネルギーと重力ポテンシャル

転ぶと痛いし，高いところから落ちると怪我をする．これは子どもでも知っている自然界の法則だ．高いところと低いところとの差（「落差」）が，人や物に何らかの作用を及ぼし，しかも落差が大きいほどその影響も強いと考えられる．この落差に蓄えられている作用能力のことを，ある種のエネルギーとみなして，高さの違いによるエネルギーであることから，「位置エネルギー」と呼んでいるわけだ．

この位置エネルギーは，重力加速度が一定とみなせる地上付近では，落下する物体の質量と落差の積に比例している．しかし，天体からの距離が大きくなると，重力加速度が一定とみなせなくなる．そのような一般的な場合には，位置エネルギーは，物体の質量に比例し，天体からの距離に反比例する．

位置エネルギーの原因は重力にあるので，より一般的には，位置エネルギーのことを「重力エネルギー」と呼ぶ（文字では，E や U で表すことが多い）．また，"単位質量あたりの重力エネルギー"のことを，「重力ポテンシャル」と呼び，ϕ（ファイ）や ψ（プサイ）で表す．"ポテンシャル"というのは，もともと"潜んで存在する能力"の意味だが，重力場の中に潜在するという点からは，単位質量あたりの重力エネルギーを重力ポテンシャルと呼ぶのはピッタリの呼び方である．名前が似通っていて非常に紛らわしいが，重力（重力加速

度)と重力エネルギー(重力ポテンシャル)は,違う概念ではあるものの,密接な関係がある.

容易にわかるように,水平な 2 点の間には重力エネルギーはない.重力エネルギーが蓄えられるために必要なのは,あくまでも"重力の方向の"落差である.そして重力に逆らってモノを持ち上げれば,重力エネルギーを稼ぐことができる.一方,その逆に,重力エネルギー(あるいは重力ポテンシャル)に差がなければ,そこには力は働かない.しかし,差があれば,より正確には勾配があれば,そこには重力が働いている.

力とポテンシャルの関係については,また次章で詳しく扱おう.

2) 相対論的な効果

重力ポテンシャルは,重力という力によってモノを引き寄せ溜める"器"のようなものである.一般相対論でいう曲がった空間とは,質的に異なるものではあるが,イメージ的には非常に近しいものがある.と言うか,ニュートン力学における重力ポテンシャルは,モノゴトをとらえるのに便利な,あくまでも仮想的な"器"だったのだが,曲がった時空の立場では,ポテンシャルはより実在に近い存在になったと言える.

さて,ニュートンの重力よりも一般相対論的な重力の方が少し強かったように,重力ポテンシャルについても,一般相対論の方が少し強い(図 5・10).ポテンシャルとい

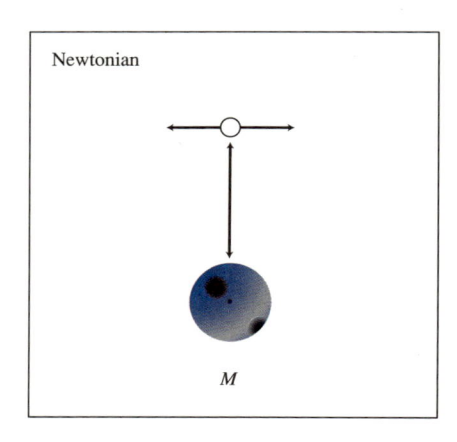

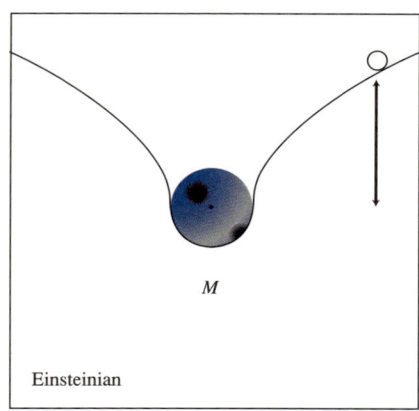

図 5・9 それぞれの重力エネルギー.

5.3 重力エネルギー

う"器"が少し深くなった状態だと考えればよい。そして重力場が非常に強くなった極限が,"器"の底が抜けた状態で,ブラックホールなのだと言えるだろう。

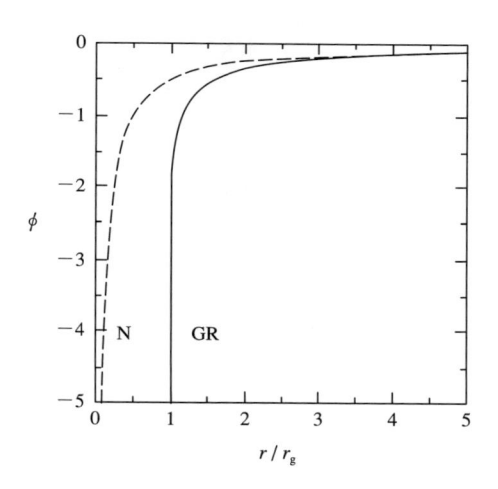

図5・10 重力ポテンシャル ϕ の違い.
ニュートン力学(N)の場合より一般相対論(GR)の方が,ポテンシャルはより深く急峻になる.

数式コーナー

位置エネルギーと重力ポテンシャル

　力とポテンシャルについて整理しておく．天体のまわりの重力ポテンシャルは，距離（半径）に反比例した形をしている．そして，ある半径での重力ポテンシャルの傾き具合が，その半径における天体の重力を表している．重力ポテンシャルの決め方として，ある半径でのポテンシャル曲線の傾き（そこでの接線の傾き）が，その半径での重力に比例するようにしている．数学的には，重力（重力加速度）を積分したものが位置エネルギー（重力ポテンシャル）だし，重力ポテンシャルを微分すれば重力加速度が得られる．

　質量 M の天体から距離 r の位置にある質量 m の物体のもつ重力エネルギー（位置エネルギー）U は，無限遠での重力エネルギーを 0 として，

$$U = -GMm/r$$

で表される．また，"単位質量あたりの重力エネルギー"である重力ポテンシャル ϕ（ファイ）は，

$$\phi = -GM/r$$

で表される．

　さらに，重力 F と重力（位置）エネルギー U，および，重力加速度 g と重力ポテンシャル ϕ の間には，

$F = -GMm/r^2$	$g = -GM/r^2$
積分 ↓ ↑ 微分	積分 ↓ ↑ 微分
$U = -GMm/r$	$\phi = -GM/r$

という関係がある．

　また一般相対論的な場合には，重力エネルギー U は，静止質量エネルギーを含んだ形で，

$$U = m\phi = mc^2 \sqrt{1 - \frac{r_g}{r}}$$

と表すことができる．ニュートンの重力エネルギーとはかなり形が違うように見えるかもしれないが，シュバルツシルト半径に比べて r が十分大きくなった極限では，静止質量エネルギーとニュートンの重力エネルギーの和になる．

●COLUMN 9●

ブラックホールの見つけ方　その1／重力潮汐作用

　漆黒の宇宙空間でブラックホールを見つけるのは不可能のように思えるかもしれないが，ブラックホールの生態を理解すれば，ブラックホールを見つける方法はいくつもある．

　まず，第一の方法は，ブラックホールの重力場を探知する方法だ．もっとも，何の基準も存在しない宇宙空間で，重力場そのものを直接検出するのは，実は非常に難しい．等価原理によって，自由落下している宇宙船の内部では，外部の（天体の）重力は感じられないからだ．

　では決して重力場を検出できないかと言うと，そうでもない．自由落下によって重力場が消去できるのは重心のみで，潮汐力は消去できないからだ．ブラックホールに近い場所に働く重力の方が，遠い場所に働く重力より強いので，宇宙船がブラックホールに近づいたときに，重力場の強さそのものは検出できないかもしれないが，重力の差である潮汐力を検出すればいいのだ．

　潮汐力の大きさは，ブラックホールの質量に比例し，ブラックホールからの距離の3乗に反比例し，そしてまた宇宙船のサイズ（宇宙船の重心からの長さ）に比例する．これは相対論を使うまでもなく，ニュートンの万有引力の法則で導かれる話である．

　具体的に，太陽の10倍の質量のブラックホール（半径は約30km）に直径（長さ）100m程度の宇宙船が近づいた場合に対して，宇宙船の船体に働く潮汐力の大きさは見積もってみよう．そうすると，宇宙船がブラックホールから240万km（3.4 太陽半径）の距離まで近づいたときに，潮汐力は地球の表面重力（1G）の100万分の1になる．さらに，宇宙船が0.034太陽半径まで近づけば，潮汐力の大きさは，地球表面での重力と同じになる．

CHAPTER 6
ブラックホールの力学

　本章では，ブラックホールのまわりにおける物体の運動について紹介する．具体的には，ブラックホールの中心に向けて落下する自由落下運動，ブラックホールのまわりを円軌道を描いて運動する円運動，そして太陽系内の惑星や彗星の軌道のような楕円軌道的な運動について，ニュートン力学と比較しながら説明しよう．

6.1　自由落下運動

1）ニュートン力学での自由落下

　地上から 1 m の高さでリンゴを持っているとき，その手を離せばリンゴは落下する．リンゴの場所が高度 1 万 m でも 1 万 km でも同じである．地球のまわりの軌道運動や空気の影響を考えなければ，地球の周辺の重力場の中で静止していた物体は，支えをなくすと，地球の重力に引かれて地球の中心に向かって落下する．これが一番単純な「自由落下運動」である（投げ上げた物体の運動や人工衛星のような軌道運動している物体の運動も，等価原理の観点からは，広い意味では自由落下運動である）．

図 6・1　落ちるのは，リンゴ？　それとも．

CHAPTER6 ブラックホールの力学

　重力は距離の2乗に反比例して強くなるので，落下して距離が短くなるにつれ，重力はますます大きくなり，ますます引っぱられる．その結果，落下する物体の速度，すなわち「落下速度」は，中心に近づくほど大きくなる．

　物体の最初の距離をいろいろ変えて，中心からの距離rの関数として落下速度vを表したのが図6・2である．落下しはじめこそ，最初の位置によって落下速度は違うが，中心に近づけば落下速度はだいたい同じ様子になっていくことがわかるだろう．ニュートン力学では，中心に近づくほど落下速度は無限大になっていく．もちろん，実際には，距離が0になる前に，どこかで天体の表面にぶつかるだろう．

　いろいろな天体の表面に向けて，無限遠から物体を落下させたときの，天体表面での落下速度を表にまとめておく．と言うか，5章の表5・1で，"脱出速度"を"表面での自由落下速度"と読み替えてもらえばよい．つまり，無限遠から落下したときの天体表面での自由落下速度は，天体表面から無限遠まで脱出する脱出速度とまったく等しいのである．速度の方向が下向きか上向きかの違いがあるだけなのだ．

　さて，この重力場中での自由落下運動を，重力ポテンシャル中での振る舞いという観点から考察しておこう．先にも触れたように，重力ポテンシャルは，重力という力によってモノを引き寄せ溜める"器"のようなものである．いまの場合，天体の重力に引かれて物体が自由落下するという現象は，このスリバチ状をした重力ポテンシャルの"器"に置かれた物体が，器の上を器の中心に

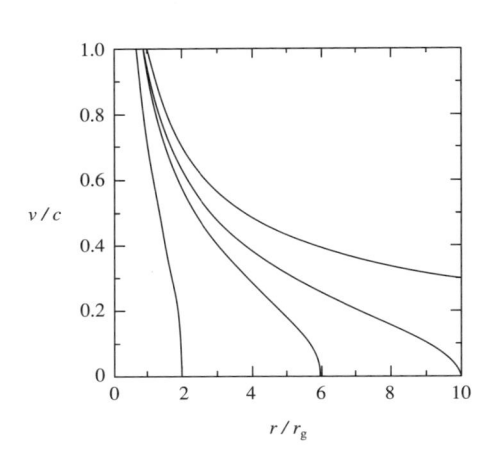

図6・2　自由落下の落下速度．
横軸はシュバルツシルト半径を単位とした中心からの距離，縦軸は光速を単位とした落下速度．光速などを使っているが，相対論的な効果は入っていない．

6.1 自由落下運動

向かってコロコロと転がり落ちる状態に他ならない．ポテンシャルを導入する利点は，もちろん数学的に多大な利点があるのだが，視覚的には，このように重力場という目に見えない力の場の中での運動を，スリバチ状のポテンシャルという目に見える"器"の中での運動としてとらえることができる点である．自由落下運動では，ポテンシャルの形状は非常に簡単なものだが，後に出てくる惑星運動などでは，ポテンシャルを使う利点がより明瞭になるはずである．

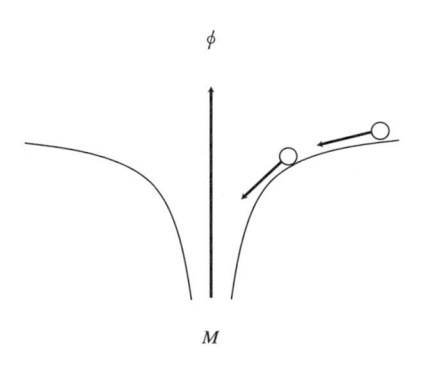

図6・3 ポテンシャル中の落下運動．

2) 相対論的な効果

ではブラックホールの場合の自由落下運動はどうなるだろうか．前の章で述べたように，ニュートン力学の場合と比べると，相対論的な効果によって，重力はより強く（ポテンシャルの勾配はより急峻になる），また重力ポテンシャルはより深くなる．しかしながら，軌道運動などのない単純な落下運動の場合は，ポテンシャルの形自体はニュートンでもアインシュタインでも似たような形をしている（図6・4）．そのため，自由落下の仕方も定性的には似

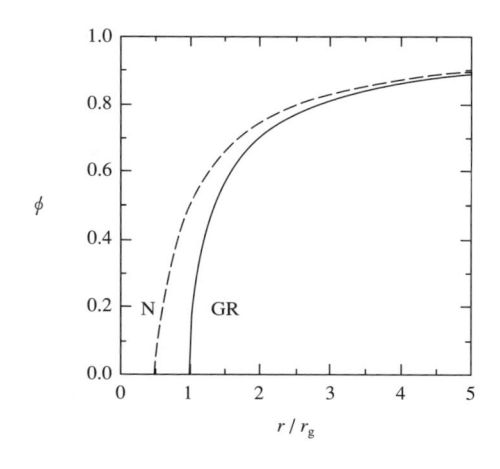

図6・4 静止質量エネルギーまで含めた重力ポテンシャル
N：ニュートン，GR：一般相対論

CHAPTER6 ブラックホールの力学

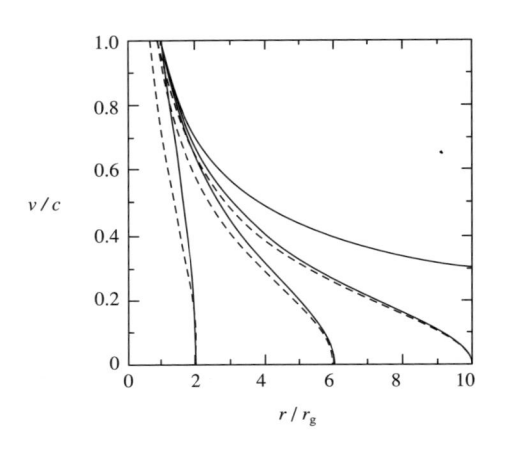

図6・5　ブラックホールへの自由落下の落下速度.
相対論的な効果を入れて計算すると、シュバルツシルト半径で落下速度は光速になる.

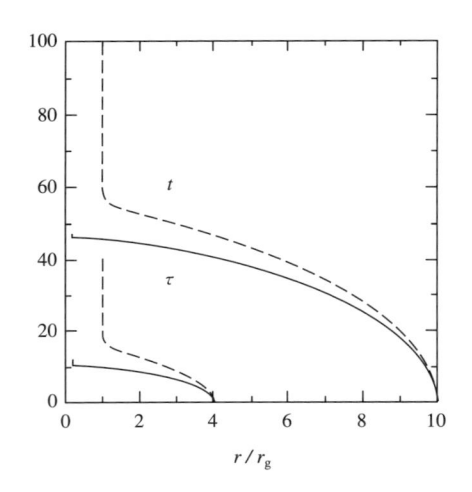

図6・6　自由落下している物体の位置と時間の関係.
横軸はシュバルツシルト半径で表した中心からの距離、縦軸は固有時間 τ（実線）と無限遠の座標時間 t（破線）.

たようなものになる．すなわち，最初静止していた物体がブラックホールに落下を始めると，だんだん落下速度は大きくなり，ついにはブラックホールのシュバルツシルト半径に突入するだろう（図6・5）．

もちろん定量的・数値的には，ブラックホールへの自由落下はニュートンの場合とは違ってくる．例えば，落下するにつれて落下速度は増加するが，落下速度が光速を超えることは決してない．実際，ニュートン力学では落下速度は中心で無限大に発散するが，ブラックホールへの自由落下の場合，落下速度はシュバルツシルト半径で光速になる．光速以上でも以下でもなく，シュバルツシルト半径で，必ず光速に達するのである．これはシュバルツシルト半径での脱出速度が光速に等しいことの裏返しなのだ．

またブラックホールへの自由落下では，重力場による時間の遅れが生じるので，

6.1 自由落下運動

時間と距離の関係も修正を受ける．実際，自由落下している物体の距離 r を無限遠での座標時間 t と自由落下する物体の固有時間 τ の関数として表してみると，その違いが顕著に現れる（図 6・6）．すなわち，固有時間 τ で考える限り，物体は有限の時間のうちにシュバルツシルト半径を通り過ぎ，さらには中心まで到達する．これはニュートン力学の自由落下と同じである．しかし座標時間 t で見ていると，物体は次第にシュバルツシルト半径に近づくが，いつまで経ってもシュバルツシルト半径を超えることはできず，事象の地平面で永久に凍りつくように見えるのだ．

3）エネルギー解放の効率

玉子や茶碗を床に落とすと，落ちた瞬間に砕けてしまう．床にぶつかる寸前に下向きに運動していたのが，床にぶつかった瞬間に止められて，強い衝撃がかかるためだ．エネルギー的な観点では，(1) 地球の重力が物体を引っ張って，物体に対して下向きに仕事をした．(2) その結果，物体の最初の位置と床の落差に相当する位置エネルギーの分だけ，物体が下向きの運動エネルギーをもった．(3) 物体が床にぶつかったときに，落下運動が強制的に止められた．(4) エネルギー保存の法則から，運動エネルギーが急激に形を変えて，物体を歪ませたり壊したり破片を飛ばしたり温度を上げたりすることで，解消した．ということになる．

位置エネルギーの利用に関する具体例では，水力発電がある．水力発電などでも，ダムを造って水を落下させ，ダムの落差に応じた水流の運動エネルギーを使って発電している．このような，重力の位置エネルギーを別の形のエネルギーに変えることを，一般的に「重力エネルギーの変換」とか「重力エネルギーの解放」と呼んだりする．変換はともかく，"解放"と言うと変な感じを受けるかもしれないが，重力場という目に見えない場の中に蓄えられていたエネルギーを，電気や光などの目に見える形に"解放"する，という意味合いである．

ブラックホールのまわりでの自由落下や軌道運動などを考えるとき，運動量という観点から，落下運動の速度などを比べるのも 1 つのとらえ方であるが，一方，エネルギー的な観点から，落下した際に解放される（重力）エネルギーを比べるのも別なとらえ方である．運動量（力）やエネルギー（ポテンシャル）

CHAPTER6 ブラックホールの力学

など,多面的にとらえることによって,理解はより深まるだろう.

ところで,エネルギー的な見方をするときに,じゃぁ,物体を落としたときに如何ほどのエネルギーが生まれるかを調べようとしても,位置エネルギーは,天体の質量や落とす物体の質量さらに落とした落差などによって違うので,一概には比較しにくい.何かもう少し基準が欲しい.そこで,相対論の考え方では,質量とエネルギーが等価だったということを思い出そう.

質量 m の物質(物体)は,mc^2 のエネルギーに等価であった.質量 m の物質がすべてエネルギーになったら,$E = mc^2$ のエネルギーが生まれる.これを静止質量エネルギーと呼んだ.物質のエネルギーを考えるときには,この,物質が自分自身の質量として内在しているエネルギーを基準に選ぶのが自然だろう.位置エネルギーなどいろいろなエネルギーを考えるときには,この静止質量エネルギー mc^2 に対する比率を考えるとよい.この比率を,エネルギー解放の「効率」と呼び,ギリシャ文字の η(エータ)や ε(イプシロン)などで表す.

効率は 0 から 1 の間の数で,静止質量エネルギーがすべて変換したときは効率 η は 1 になる.質量 1 kg の物体がいろいろな天体に落下したときに,天体表面で物体がもっている落下運動のエネルギー(すなわち無限遠から表面までに物体が獲得した重力エネルギー)と,物体自身の静止質量エネルギーに対する比率(効率)を,ニュートン力学での試算と相対論での計算について表 6・1 に示しておく.中性子星など,非常に重力が強い天体になると,ニュートン力学の試算と相対論の正確な計算値が違ってくる.

表 6・1 1 kg の物体の天体表面での解放効率

天体	天体の半径 R と r_g の比率 r_g/R	物体が獲得する重力エネルギー		効率	
		ニュートンでの試算	相対論	ニュートン	相対論
地球	7 億分の 1	6.4×10^7 J	6.4×10^7 J	3.5 億分の 1	同左
太陽	20 万分の 1	2.3×10^{11} J	2.3×10^{11} J	40 万分の 1	同左
白色矮星	0.0003	1.4×10^{13} J	1.4×10^{13} J	0.00015	同左
中性子星	0.6	2.7×10^{16} J	3.3×10^{16} J	0.3	0.37
恒星 BH	1	4.5×10^{16} J	9×10^{16} J	0.5	1
巨大 BH	1	4.5×10^{16} J	9×10^{16} J	0.5	1

1 kg の静止質量エネルギー(mc^2) $= 9 \times 10^{16}$ J(ジュール)

6.1 自由落下運動

また図 6・7 には，ブラックホールへ無限遠から自由落下してきた物体の効率 η を中心からの距離 r の関数として示しておく．ブラックホールに近づくほど効率は次第に大きくなり，シュバルツシルト半径で効率は 1 になる．これはどういうことかというと，無限遠から自由落下してきた物体がシュバルツシルト半径を横切る瞬間には（そのときの落下速度は光速），物体の落下運動のエネルギーはちょうど物体自身がもっていた静止質量エネルギーに等しいということなのだ．あるいは，無限遠とシュバルツシルト半径の間の重力エネルギーの差が，物体自身の静止質量エネルギーに等しいということなのだ．この一致は，物体の属性である質量と，ブラックホールの重力エネルギーとの密接な関係の一端を表していると言えるだろう．

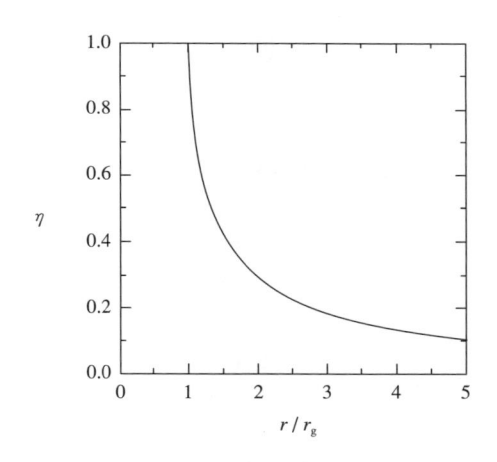

図 6・7 自由落下での効率．

数式コーナー

自由落下運動とエネルギー

　エネルギー的な観点から落下運動を考えるときには，落下運動のエネルギーと位置エネルギー（重力エネルギー）の 2 つが必要になる．運動エネルギーを K，位置エネルギーを U と置くと，他の形のエネルギーへの転換がない限り，

$$K+U=E \text{（一定）}$$

という法則が成り立つ．これは，「（力学的）エネルギー保存の法則」として，よく知られている自然界の基本法則だ．

　質量 M の天体に質量 m の物体が落下する落下運動の場合，落下速度を v とすると，エネルギー保存則は，具体的に，

$$\frac{1}{2}mv^2 - \frac{GMm}{r} = E$$

と表せる．いままで出てきた脱出速度も自由落下速度も，このエネルギー保存から導かれたものだ．

　一方，一般相対論では，エネルギーの保存としては，物質の静止質量エネルギー mc^2 も考慮しないといけない．一般相対論での（力学的）エネルギー保存の法則は，ローレンツ因子を γ，遅延関数を L として，

$$\gamma L mc^2 = E \text{（一定）}$$

の形に表される．両辺の対数をとれば，和の形に表すこともできるが，積の形のままの方が見通しがよい．

　ブラックホールへの落下運動の場合，具体的には，一般相対論的なエネルギー保存の法則は，

$$\frac{1}{\sqrt{1-v^2/c^2}} \cdot \sqrt{1-\frac{r_g}{r}} \cdot mc^2 = E$$

となる．

数式コーナー

重力エネルギー解放の効率

ニュートン力学の場合,距離 r での重力エネルギーは($-GMm/r$)なので,無限遠(0)との落差は GMm/r になる.これを基準とする静止質量エネルギー mc^2 で割ると,効率 η として,

$$\eta = \frac{GMm/r}{mc^2} = \frac{GM}{rc^2}$$

が得られる.

一般相対論では,質量 M の天体のまわりの質量 m の粒子の重力エネルギーは,粒子の静止質量エネルギー mc^2 を含めた形で,

$$E = mc^2\sqrt{1-\frac{r_g}{r}}$$

と表される.これは一般相対論的なエネルギー保存の法則で,速度を 0 と置いたものになっている.また無限遠では粒子の静止質量エネルギー mc^2 だけがあるので,無限遠との重力エネルギーの差は,(mc^2-E)になる.これを mc^2 で割れば,効率 η として,

$$\eta = 1-\sqrt{1-\frac{r_g}{r}}$$

が得られる.この式を表したのが,図6・7のグラフである.

6.2 円運動

1）ニュートン力学での円運動

太陽のまわりを回る惑星の軌道は，円に近いが真円ではなく，正確には太陽を1つの焦点とする楕円になっている．そのような一般的な楕円運動を考える前に，まず天体からの距離が一定な「円軌道」を動く「円運動」について調べてみよう．

天体のまわりを円運動している物体には，天体からの重力と外向きの遠心力が働いているが，重力と遠心力は常に釣り合っている．重力と遠心力が相殺してネットな力は0になり，その結果，無重量の自由落下状態になっている．

この外向きの遠心力（慣性力）を生じるために，物体はある速度でもって天体のまわりを回転していなければならない．この速度を「回転速度」と言う（回転速度に対して，半径方向の速度を「動径速度」と言う）．例えば，高度3万6千km（地球中心からは4万2千km）の静止軌道衛星は，秒速3.1 kmの速度で地球を24時間で周回している．地球は秒速29.7 kmの速度

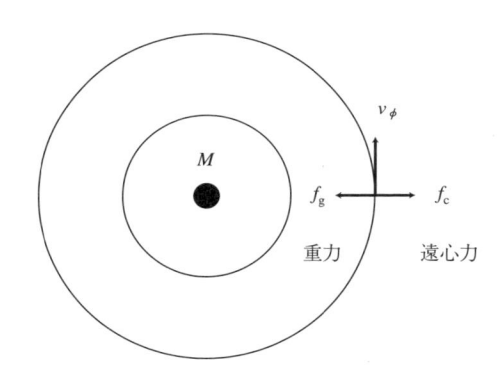

図6・8 天体のまわりの円運動．

表6・2 天体表面での円軌道の回転速度

天体	質量	半径	表面での軌道速度
地球	6×10^{24} kg	6400 km	7.9 km/s
太陽	2×10^{30} kg	70万km	437 km/s
白色矮星	約1太陽質量	約1万km	約7000 km/s
中性子星	約2太陽質量	約10 km	約7万km/s
恒星ブラックホール	10太陽質量	30 km	21万km/s
巨大ブラックホール	1億太陽質量	2天文単位	21万km/s

6.2 円運動

で太陽を公転している．そして太陽系は，銀河中心のまわりを秒速約 220 km の速度で約 2 億年かけて回っている．

以上のような，中心天体のまわりの（重力と遠心力の釣り合った）円運動を，惑星運動の法則を最初に調べたヨハネス・ケプラー（J. Kepler）にちなんで，「ケプラー回転」と呼ぶことがある．またそのときの回転速度を「ケプラー速度」と言う．

具体的な例として，いろいろな天体のまわりを表面ギリギリで周回する回転速度（軌道速度）を表 6・2 にまとめておく．自由落下速度（あるいは脱出速度）とは，ちょうど $\sqrt{2}$ 倍だけ違うことに注意しておく．

さて，ケプラー回転では，回転速度は天体の質量が大きいほど大きくなる．また円軌道の半径が小さくなるほど，天体の重力は強くなるので（重力は距離の 2 乗に反比例して強くなる），重力と釣り合うために必要な遠心力を生むための回転速度も大きくなる必要がある．

公転半径 r の関数として回転速度を表したのが図 6・9 である（天体の質量は一定）．回転角速度と角運動量も合わせて示しておく．一番上の「回転角速度」は，回転の"速さ"を表す量

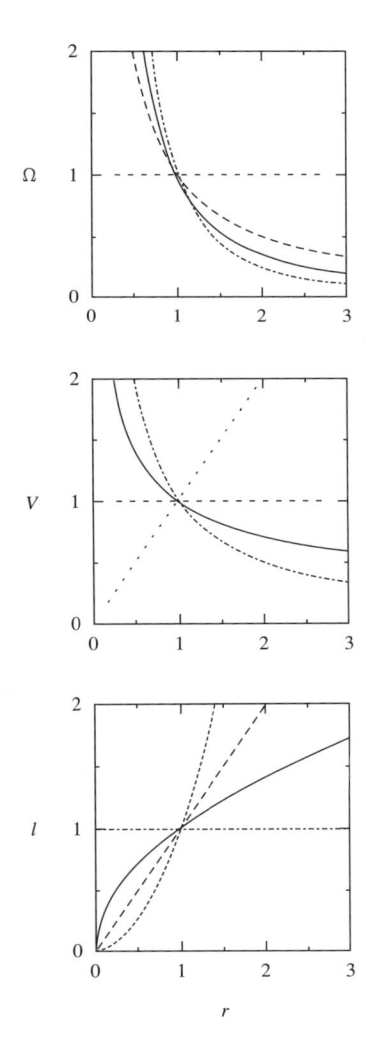

図 6・9 回転角速度 Ω，回転速度 V，比角運動量 l の分布．
実線がケプラー回転の場合を表す．その他の線は，Ω 一定（点線），V 一定（破線），l 一定（一点鎖線）である．

で，一秒間に中心に対して何度の角度（ラジアン）だけ動くかで測り，通常，ギリシャ文字の Ω（オメガ）や ω（オメガ）で表す．真中の回転速度は，一秒間に円軌道上を何 m 動くかという量で，落下速度の v と区別するために，ここでは大文字の V で表しておく．回転速度と回転角速度の間には，$V = r\Omega$ の関係がある．さらに一番下の「角運動量」は，公転する物体のもっている回転運動の勢いであり，回転半径が大きいほど回転速度が大きいほど大きくなる量で，ここでは l（エル）で表す（正確には，単位質量あたりの角運動量なので，「比角運動量」と呼ぶ）．比角運動量と他の量の間には，$l = rV = r^2\Omega$ の関係がある．

図の中で，実線は，ここで問題にしている「ケプラー回転」の場合の，回転角速度，回転速度，比角運動量である．ケプラー回転では，回転角速度は半径の 3/2 乗に反比例して減少し，回転速度は半径の 1/2 乗に反比例して減少し，比角運動量は半径の 1/2 乗で増加する．比較のために，ケプラー回転以外の回転法則についても示しておく．点線は回転角速度 Ω が一定の場合で，「剛体回転」と呼ばれる．CD や DVD の回転を思い浮かべてもらえればいい．破線は回転速度 V が一定の場合である．さらに，一点鎖線は比角運動量 l が一定の場合である．

2）相対論的な効果

アインシュタインの一般相対論では，ニュートンの万有引力の法則（逆 2 乗の法則）の場合に比べて，重力が強くなることは何度か触れた．したがって，ブラックホールのまわりを円運動しようとするならば，強くなった重力の分だけ，遠心力も増やさないといけないので，そのためには，より早く回る必要があるだろうことは容易に予想がつく．

すなわち，ブラックホールのまわりの円運動では，ニュートン力学の場合よりも回転の速度などが大きめになる．実際，一般相対論を用いてブラックホールのまわりの円運動を調べてみると，回転角速度も回転速度も角運動量もすべて，ニュートン力学の場合より大きくなっていることがわかる（図 6・10）．そして，シュバルツシルト半径に近づいて重力がより強くなるにつれ，ずれの度合いも大きくなっていることがわかる．ただ，これは，あくまでも定量的な差異であって，この範囲では，例えば中心ほど回転速度が大きくなるというよう

6.2 円運動

な，定性的な話はニュートン力学と変わらない．

しかし，より中心付近では，ニュートン力学では存在しなかった，真に相対論的な現象が現れる．その一端は，すでに回転速度などのグラフにも見てとれる．すなわち，中心に向かうほど，相対論的なケプラー円運動の回転速度も，ニュートン力学の場合と同様に増加するのだが，ニュートン力学では中心で無限大に発散するのに対し，相対論の場合はもっと手前で発散している．それも，シュバルツシルト半径で無限大になるならまだしも，それよりさらに手前なのだ．具体的には，シュバルツシルト半径の 1.5 倍で発散する．この様子は，角運動量のグラフでとくに顕著である（図 6・10 の一番下の図）．

このことは何を意味しているかというと，シュバルツシルト半径の 1.5 倍の半径に近づくにつれて，重力と釣り合うために必要な回転の勢いがどんどん大きくなり，1.5 倍より内側では，どんなに回転の勢いを高めても，決して重力と釣り合うことができないことを表しているのだ．

なぜそんなことが起こるのかと言

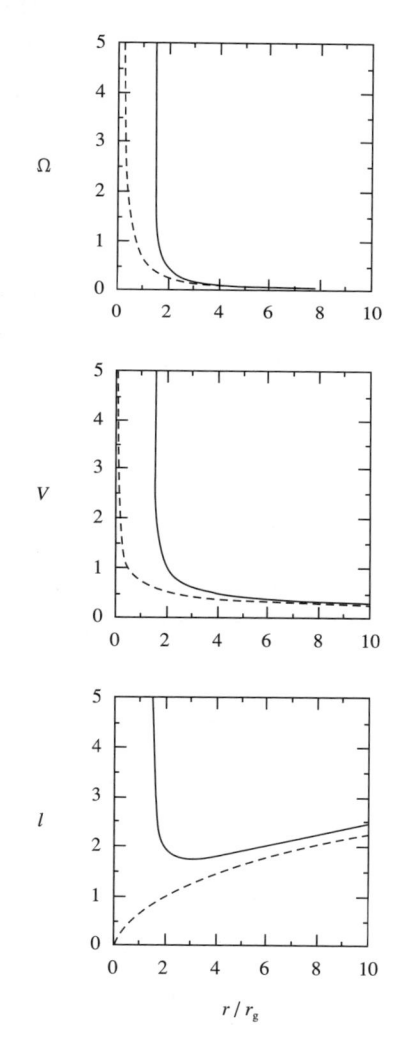

図 6・10　一般相対論的なケプラー運動の，回転角速度 Ω，回転速度 V，比角運動量 l．実線が一般相対論の場合を，破線はニュートン力学の場合を表す．

えば，これも"エネルギーと物質が等価である"というアインシュタインの式に基づく話なのだ．ニュートン力学の場合，軌道半径が小さくなるとそれだけ重力も強くなるが，より速く回転して遠心力を大きくすることにより，どこかで必ず重力に対抗できる．しかし，相対論では，あらゆるエネルギーは物質すなわち質量と同じモノである．そして，ブラックホールのまわりを円運動するということは，そこには回転運動のエネルギーが存在することであり，したがって，回転運動のエネルギーと等価な質量が存在することなのである．さらに，ブラックホールに近づいて粒子の回転速度が高速になるにつれ，回転運動のエネルギーもどんどん大きくなり，等価質量も大きくなる．その結果，遠心力を大きくするつもりが，かえって重力を強めることになってしまい，ついには，回転運動によって重力をバランスさせることができなくなってしまうのだ．

3) 最終安定円軌道

ブラックホールのまわりには，特殊な半径がいくつかある．その最たるものは，もちろんシュバルツシルト半径だが，それ以外にも，例えば最終安定円軌道の半径とか光子半径なんてのもある．「最終安定円軌道」というのは，その名前の通り，この半径より内側では安定な円軌道をとることができない半径であり，上で述べた，回転運動における相対論的性質に伴って現れた興味深い状態である．

ちょっと見には，回転速度などはシュバルツシルト半径の 1.5 倍で発散するのだから，そこが最終安定円軌道みたいだが，実は違って，シュバルツシルト・ブラックホールの場合は，最終安定円軌道の半径（r_{ms} と表す）はシュバルツシルト半径の 3 倍になる：

$$r_{ms} = 3r_g$$

その理由は，"安定"にある．例えば，三角錐を逆さまに立てることは，原理的にはできるかもしれないが，ちょっとした震動などですぐに倒れてしまうだろう（図 6・11）．これは力の釣り合い状態（平衡状態）は存在しているが，その釣り合い状態が"不安定"なためだ．力が釣り合った状態が実際に実現するためには，その状態が"安定"に存続しなければだめなのである．

6.2 円運動

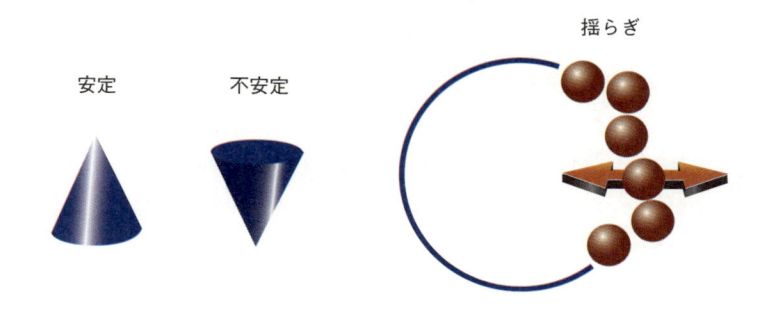

図 6・11 安定と不安定.

　ブラックホールのまわりの円軌道でも同じで，円軌道が実際に存在できるためには，重力と遠心力の釣り合った状態があり，かつその状態が"揺らぎ"に対して安定でなければならない.

　円軌道が安定かどうかを知るためには，円運動している粒子に少し揺らぎを与えてふらつかせ，その結果，軌道が崩れるかどうかを調べる．粒子をポンと揺らがせた後にも，粒子がフラツキ運動を起こしながらももとの円軌道の近辺を円運動し続けるなら，その軌道は安定であり，逆に，揺らぎが大きく成長して粒子が中心に落ち込んだりすれば，その軌道は不安定である.

　粒子をポンと揺らがしたときのフラツキ運動のことを，円軌道のまわりの動きなので，「エピサイクリック（周転円）振動」と呼び，その振動の（角）振動数を

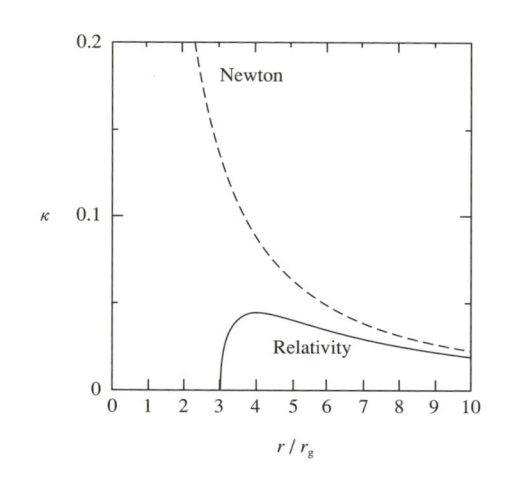

図 6・12　エピサイクリック振動数.
ニュートン力学ではどの半径の円軌道でも常に"フラツキ振動"が可能だが，一般相対論では中心付近で"ふらつけなくなる".

「エピサイクリック（角）振動数」と呼んで，κ（カッパ）で表す．

さて，具体的に，ニュートン力学の円運動とブラックホールのまわりの円運動について，そのエピサイクリック振動の角振動数を計算してみると，ニュートンの場合は中心に行くほど高くなり，揺らぎに対してエピサイクリック振動が常に存在できる（図6・12）．しかしシュバルツシルト・ブラックホールの場合は，エピサイクリック振動数は，中心に向かうにつれ，最初はニュートンの場合のように増加するのだが，シュバルツシルト半径の 4 倍でピークになった後は減少に転じ，3 シュバルツシルト半径でついに 0 になってしまうのだ．すなわち，$3r_g$ より内側では，エピサイクリック振動が存在せず，したがって"安定な"円軌道も存在しないのである．

数式コーナー

円運動と効率

　円運動とくに重力と遠心力が釣り合ったケプラー回転に対して，重力エネルギー解放の効率はどうなるだろうか．

　ニュートン力学の場合，半径 r の軌道で円運動している質量 m の物体がもつエネルギーは，重力エネルギー（$-GMm/r$）に加え，回転運動のエネルギーがある．回転速度を V とすると，回転運動のエネルギーは $mV^2/2$ だが，ケプラー回転では，$V^2 = GM/r$ が成り立つので，回転運動のエネルギーは，結局，（$-GMm/2r$）となる．すなわち，ケプラー円運動では，重力エネルギーの半分の回転運動エネルギーがある．この結果，半径 r の軌道での全エネルギーは，（$-GMm/r + GMm/2r = -GMm/2r$）となり，無限遠（0）との落差は $GMm/2r$ になる．これを基準とする静止質量エネルギー mc^2 で割ると，効率 η として，

$$\eta = (GMm/2r)/(mc^2) = GM/(2rc^2)$$

が得られる．

　一般相対論では，質量 M の天体のまわりを半径 r の軌道で円運動している質量 m の粒子のエネルギーは，粒子の静止質量エネルギー mc^2 と回転エネルギー（角運動量 l）を含めた形で，

$$E = mc^2 \left(1 - \frac{r_g}{r}\right) \Big/ \sqrt{1 - \frac{3r_g}{2r}}$$

のようになる．無限遠との差は，（$mc^2 - E$）で，効率 η は（$1 - E/mc^2$）である．

　とくに，最終安定円軌道 $r_{ms} = 3r_g$ では，

$$E/mc^2 = E_{ms}/mc^2 = \sqrt{8/9}$$

であり，最終安定円軌道の効率 η は，

$$\eta = 1 - \sqrt{8/9} = 0.057$$

となる．これ（0.057）が，物体や粒子がもつ静止質量エネルギーのうち，無限遠から最終安定円軌道に落ち着くまでに解放できる重力エネルギーの割合である．ちなみに，カー・ブラックホールの場合には，効率は最大で 0.42 となる．

6.3 惑星運動

1）ニュートン力学での惑星運動

先にも述べたように，太陽のまわりの惑星の軌道は，ニュートン力学では太陽を 1 つの焦点とする楕円になる．また無限の彼方から飛来し，たった一度だけ太陽のそばを掠めて，ふたたび無限の彼方へ去っていく彗星などの軌道は，放物線や双曲線になる（図 6・13）．

距離の 2 乗に反比例する中心の天体の万有引力を受けた物体の運動は，必ず，楕円・放物線・双曲線のどれかになることが証明されているのだ．そしてニュートン力学では，中心天体のまわりの軌道は，綺麗に分類され解析されている．

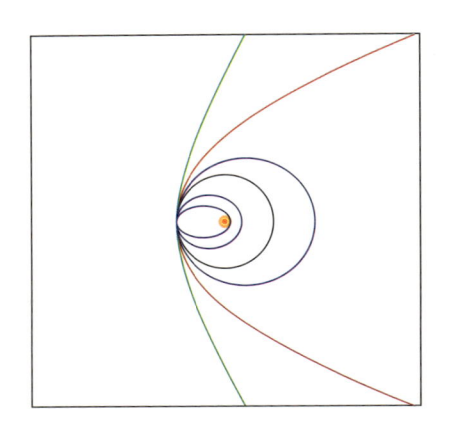

図 6・13　惑星や彗星の軌道．

ちなみに，楕円・放物線・双曲線は，幾何学的には，どれも円錐の切り口の図形になっているので，「円錐曲線」と総称される．また代数的には，どれも変数の 2 次関数で表されるので，「2 次曲線」とも言われる．

楕円軌道について，もう少し説明しておこう（図 6・14）．楕円の対称軸のうち，長い方を「長軸」，短い方を「短軸」と言う（楕円のつぶれ具合の目安として，短軸の長さを長軸の長さで割った「扁平率」というものを使う）．そもそも楕円というのは，図形的には，2 つの「焦点」を決めて，その焦点からの距離の和が等しい点を結んでできる軌跡であり，その性質から，楕円の 2 つの焦点は長軸上にある．そして惑星運動の場合は，その焦

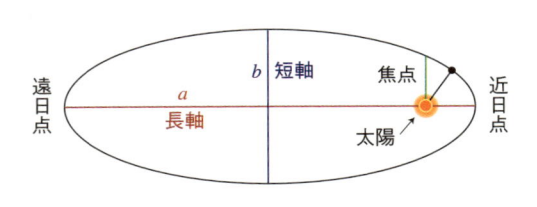

図 6・14　楕円軌道．

6.3 惑星運動

点の 1 つに太陽があるわけだ．さらに，長軸と楕円の交わる 2 点のうち，太陽に近い方の点が「近日点」，遠い側の点が「遠日点」である．

もっとも，近日点，遠日点という言い方は，太陽が中心の場合の話だ．地球のまわりの人工衛星の軌道の場合は近地点・遠地点になるし，星のまわりの運動なら近星点・遠星点になり，銀河のまわりの運動のときは近銀点・遠銀点と呼ぶ．またブラックホールのまわりの楕円運動の場合は，近ブラ点・遠ブラ点になるだろう．いや本当にそういう英語は造語されている．ただし，適当な訳語はない．近ブラ点がまずければ，"近黒点・遠黒点"でもいい．

以上は，一般の惑星軌道の図形的な説明だが，次に物理的な量との関係を考えてみよう．

半径方向のみ自由落下運動や回転方向のみ円運動では，力の釣り合いから運動の様子がある程度はわかる．しかし，半径方向の運動と回転方向の運動を伴う一般の運動では，運動の方向が場所場所で変化するので，なかなかとらえにくい．一般の運動でも，物体に働く力自体は，内向きの重力と外向きの遠心力だけで，共に半径方向の力なのだが，それらの力が釣り合っていないため，直感的にはわかりにくくなっている（図 6・15）．そこで，見通しをよくするために，時々刻々と変化する速度ではなく，保存されている量を使うのが普通だ．具体的には，エネルギーと角運動量を使う．

物質が潜在的にもっている能力値である「エネルギー」については，いまの場合，動径方向の運動エネルギーと回転方向の運動エネルギーと重力エネルギーの総和（全エネルギー）が保

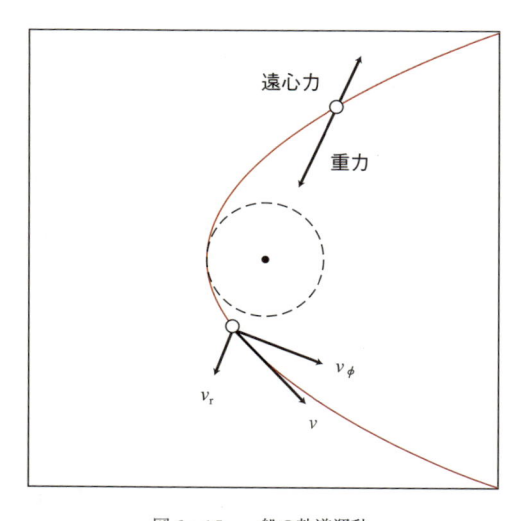

図 6・15 一般の軌道運動．
重力と遠心力は釣り合っていない．また動径速度も回転速度も時間的に変化する．

存する．また回転の勢いである「角運動量」については，角運動量＝回転半径×回転速度が保存する．

これらのうち，エネルギーはおおざっぱには軌道のサイズを決める．すなわち，楕円軌道のエネルギーは負だが，値が大きいほど（0に近いほど）軌道長半径も大きくなり，放物線軌道はエネルギーが0で，双曲線軌道は正となる．また角運動量はおおまかに軌道の形状を決める．すなわち角運動量が小さいと軌道は細長く，大きいと軌道は丸くなる．実際，角運動量が0の場合が自由落下運動であり，最大の場合が円軌道になる（表6・3）．

表6・3 惑星運動の分類（円錐曲線）

エネルギー	角運動量			
	0	小さい	大きい	最大
負（束縛）	動径方向	細長い楕円	円に近い楕円	円
0（自由）	動径方向	細長い放物線	幅広の放物線	
正（自由）	動径方向	細長い双曲線	幅広の双曲線	

数式コーナー

楕円

　本書ではブラックホールの話をしているのに，楕円とか放物線とか数学みたいだが，でもまぁ，惑星軌道の基本である楕円ぐらいは描けないと困るので，楕円の式も一応出しておく．

　まず座標系として，楕円の中心を原点とし，長軸方向を x 軸，短軸方向を y 軸とする直角座標 (x, y) と，楕円の焦点を原点とし，そこからの距離を r，近日点方向から測った角度を θ とする極座標 (r, θ) を使う．

幾何学的な量
　　長半径　　　　a
　　短半径　　　　b
　　扁平率　　　　b/a
　　離心率　　　　$\varepsilon = \sqrt{1 - b^2/a^2}$

焦点に関する量
　　焦点の座標　　$(\pm a\varepsilon, 0)$
　　遠日点距離　　$a(1+\varepsilon)$
　　近日点距離　　$a(1-\varepsilon)$
　　半直弦　　　　$l = a(1-\varepsilon^2)$

楕円の式
　　直角座標での楕円の式

$$\frac{x^2}{a^2} + \frac{y^2}{b_2} = 1$$

　　極座標 (r, θ) での楕円の式

$$r = \frac{l}{1 + \varepsilon \cos\theta}$$

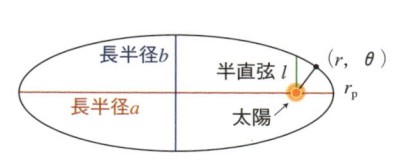

図 6・16　楕円．

2）有効ポテンシャル

　楕円運動のような万有引力のもとでの運動を調べるために，ふたたびポテンシャルを使って考えてみよう．今回は，先に出てきた重力ポテンシャルに加えて，遠心力ポテンシャル（回転運動のエネルギー）と有効ポテンシャルを導入する．この有効ポテンシャルは，なれない内はわかりにくいものがあるので，少しくどくなるかもしれないが，微に入り細に入り説明しよう．

　ニュートンの万有引力だけが働き，摩擦や電磁力など他の力が働かない場合，エネルギー保存の法則から，運動エネルギーと位置エネルギーの和，すなわち力学的エネルギーが一定になる．いまの場合，速度には半径方向の成分（動径速度）と回転方向の成分（回転速度）があるので，エネルギー保存は，

　　　　　動径運動エネルギー＋回転運動エネルギー＋重力ポテンシャル＝一定

となる．左辺の項の中で，重力ポテンシャルが r の関数であるのは先に出たとおりだが，実は，いまの場合，比角運動量も保存されているので，回転速度は r の関数で表されており，その結果，左辺第 2 項の回転運動のエネルギーも r だけの関数になる．そして回転運動は遠心力の源なので，その意味で，第 2 項を「遠心力ポテンシャル」と呼ぶ（回転運動のエネルギーを比角運動量一定の条件で微分すると遠心力になる）．すなわち，エネルギー保存は，

　　　　　動径運動エネルギー＋遠心力ポテンシャル＋重力ポテンシャル＝一定

となるが，遠心力ポテンシャル（回転運動のエネルギー）も重力ポテンシャルも半径 r の関数なので，それらの和を「有効ポテンシャル」としてまとめてしまえば，結局，

　　　　　動径運動のエネルギー＋有効ポテンシャル＝一定

ということになる．動径運動のエネルギーを K で表し，有効ポテンシャルを表すのに，ここではギリシャ語の ψ（プサイ）を使うと，

　　　$K + \psi = E$（一定）

と書ける．

　この式の意味するところは，半径 r の関数として有効ポテンシャルの形が決まり，全エネルギーの値（右辺の一定値）が与えられれば，動径運動のエネルギーすなわち動径速度の振る舞いなどがわかりますよ，ということである．その意味するところを，グラフで見てみよう．

6.3 惑星運動

まず，有効ポテンシャルの概形を見ておく（図 6・17，図 6・18）．先に出てきたように，ニュートンの万有引力の法則では，重力ポテンシャルはマイナスで半径 r に反比例する（中心天体の質量を M とすると，重力ポテンシャル $\phi = -GM/r$）．一方，遠心力のポテンシャルは回転運動のエネルギーに他ならないので，回転速度の 2 乗に比例するが，回転速度は比角運動量を半径 r で割ったもので，かつ比角運動量が保存されていることを考えると，遠心力のポテンシャルは，半径 r の 2 乗に反比例することがわかる（比角運動量を l とすると，遠心力ポテンシャル $= l^2/2r^2$）．これらの和が有効ポテンシ

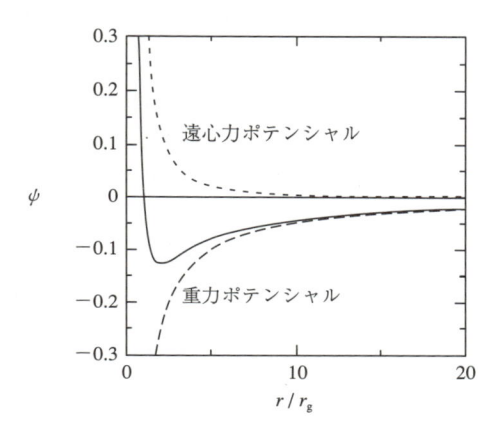

図 6・17　有効ポテンシャル ψ．
重力ポテンシャル（破線）と遠心力ポテンシャル（点線）の和である有効ポテンシャル（実線）は，ある半径で極小値になり，中心では立ち上がる．

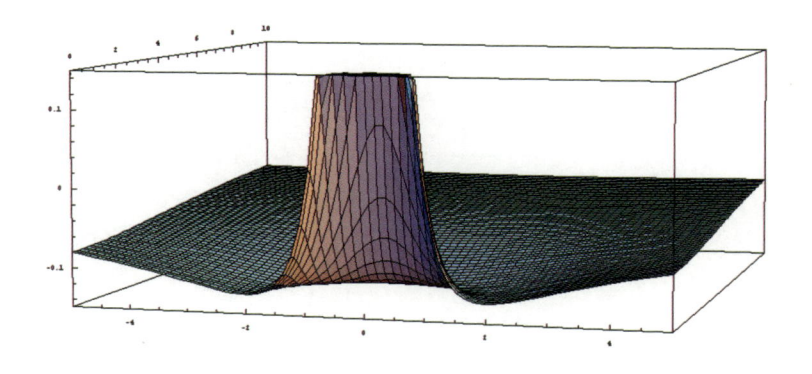

図 6・18　有効ポテンシャルの概形．

CHAPTER6 ブラックホールの力学

ャル ψ になるわけだが，重力ポテンシャルと遠心力ポテンシャルの半径依存性が違うために，有効ポテンシャルの形は些か複雑なものになる．すなわち遠方では重力ポテンシャルより遠心力ポテンシャルが急激に減少するので，有効ポテンシャルは重力ポテンシャルに近くなり，逆に中心近くでは，遠心力ポテンシャルの方が急激に大きくなるので，有効ポテンシャルは遠心力ポテンシャルに近づく．その結果，有効ポテンシャルは，遠方では負だが，中心に近づくにつれて減少し，ある半径で極小値をもった後に，中心付近では急激に立ち上がる形になる（中心近傍の立ち上がりを，「角運動量の障壁（バリアー）」と呼ぶことがある）．

ここでポテンシャルが運動のための"器"だということを思い出して欲しい．物体は器（ポテンシャル）に沿ってコロコロと転がり，器の裏側（ポテンシャルの下側）には行けない（図 6・19）．具体的には，この有効ポテンシャルの器に対して，エネルギー E を与えたときに，エネルギー E とポテンシャル ψ の差が，動径運動エネルギー K になる（$K+\psi=E$）．この動径運動エネルギーは動径速度の 2 乗に比例するから明らかに 0 以上でなければならない．したがって，（動径）運動は有効ポテンシャルのうち E より小さい領域だけで可能であり，E より値が大きい領域では起こらない．そして E との落差が大きいところほど，動径運動は激しく，E に一致したところで動径運動のエネルギーも動径速度も 0 になる．またエネルギー E の値が有効ポテンシャル ψ の極小値より小さいときは，動径運動のエネルギーが 0 を超える領域が存在せず，そもそもそんな運動は起こり得ない．

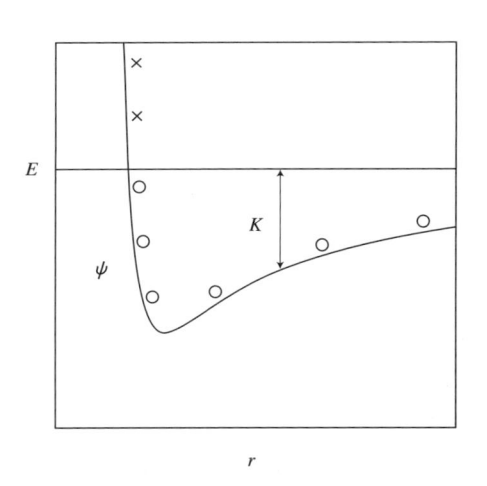

図 6・19 有効ポテンシャルと運動エネルギー．

6.3 惑星運動

以上の，有効ポテンシャルとエネルギーと（動径）運動の振る舞いを念頭に置いて，万有引力のもとでの軌道の違いを検討してみよう（図6・20）．

双曲線軌道　　　　　放物線軌道

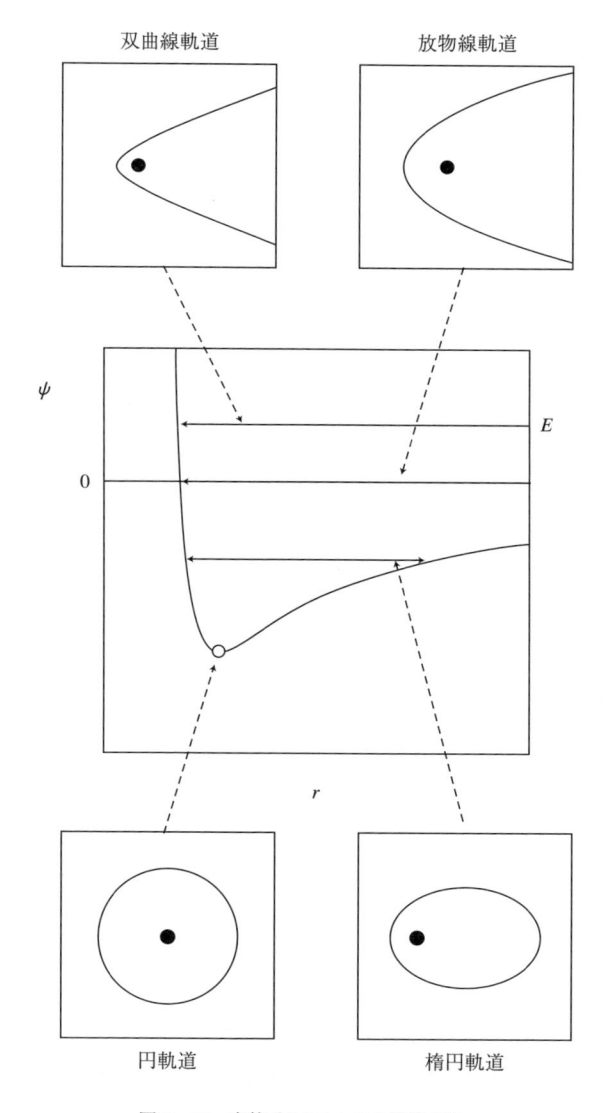

円軌道　　　　　楕円軌道

図6・20　有効ポテンシャルと軌道の形．

まず，エネルギー E が正の場合，無限遠から飛来した粒子は中心に次第に近づくが，中心付近で有効ポテンシャルが急激にせり上がっているために（角運動量のバリアー），ある半径より内側には入ることができずに，ふたたび無限遠に遠ざかっていくことになる．これは非周期彗星などの双曲線軌道に相当し，全エネルギー E と有効ポテンシャル ψ の交点が近日点になる（近日点では動径速度は0）．

全エネルギーが 0 の場合もよく似ていて，無限遠からの粒子は，中心近傍の近日点を通過して，ふたたび無限遠の飛び去る放物線軌道を辿る．エネルギーが正（双曲線軌道）と 0（放物線軌道）の違いは，無限遠での動径運動のエネルギーが，前者では正だが，後者では 0 という点だ．

次に，全エネルギー E が負で，かつ，有効ポテンシャル ψ の極小値よりも大きい場合だが，このときは全エネルギー E と有効ポテンシャル ψ の交点は2箇所あり，運動はそれらの交点の間の領域だけで可能である．すなわち，粒子は，大きい方の交点（遠日点）と小さい方の交点（近日点）の間を周期的に行ったり来たりする楕円軌道を描くのだ．

最後に，エネルギー E が有効ポテンシャル ψ の極小値にちょうど等しい場合．このとき，粒子は極小値の半径でのみ運動可能で，粒子の半径はまったく変化しない．動径方向の運動はなく動径運動のエネルギーは明らかに常に 0 だが，回転運動はしている．すなわち，粒子は，有効ポテンシャルが最低の窪地を一定の半径でコロコロと回っているわけだ．これがまさに円軌道に他ならない．

3）相対論的な効果

では，ブラックホールのまわりの一般的な軌道運動では，相対論の影響はどのように現れてくるのだろうか？　円運動の場合と同様に，定量的な違いと，定性的な真に相対論的な振る舞いがある．いままで述べた有効ポテンシャルの概念からみてみよう．

円運動で述べたように，ブラックホールのまわりでは，重力が強く，かつ回転運動はその運動エネルギーに等価な質量を伴うことになる．その結果，重力ポテンシャルも遠心力ポテンシャルも修正され，したがって，有効ポテンシャルの形も変わる．とくに重要な点は，回転運動が重力として作用するようになることだ．ニュートン力学では，いくらでも速く回転できるので，遠心力のポ

6.3 惑星運動

テンシャルもいくらでも高くできて，中心には必ず角運動量の障壁が存在する．しかしブラックホールのまわりでは，回転速度を無制限に上げることはできず，遠心力のポテンシャルも中心で無限に高くはできない．角運動量の障壁は，有限の高さしかなくなるのである．

具体的に，いろいろな角運動量の値に対して，相対論的に計算した有効ポテンシャルを描いたのが図 6・21 である（比角運動量の値は，シュバルツシルト半径と光速を 1 とした単位）．角運動量の値が大きいときは，角運動量のバリアも極大値はあるものの十分高く，また有効ポテンシャルの最低部（円軌道になる場所）も存在する．しかし，角運動量の値が小さくなるにつれ，バリアの山すなわち有効ポテンシャルの極大値は小さくなり，極大値の半径と極小値の半径が近づく．そして角運動量の値がある値 l_ms になったときに，ついには有効ポテンシャルの極大値と極小値は一致し，その値より小さくなると，有効ポテンシャルの窪みは消えてしまう．

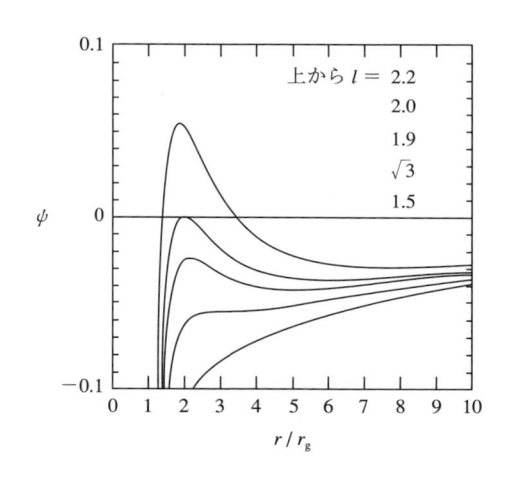

図 6・21 相対論的な有効ポテンシャル．
右上の数値は，それぞれの曲線での比角運動量の値．

ポテンシャルが"器"だということを思い出せば，有効ポテンシャルの窪みが存在する間は，ブラックホールのまわりでも何らかの周回運動が可能だが，

ポテンシャルの窪みがなくなれば周回運動は不可能になることがわかるだろう．実際，有効ポテンシャルの窪みが消えてしまうギリギリの条件は，円軌道のところで触れた最終安定円軌道も決めているのだ．すなわち，軌道の角運動量が減っていって，有効ポテンシャルの極大値と極小値が一致するときの半径が，まさに，最終安定円軌道の半径 $r_\mathrm{ms} = 3r_\mathrm{g}$ なのである．またそのときの比角運動量の値は，$\sqrt{3}$（単位は $r_\mathrm{g}c$）になる．

　ブラックホールのまわりの軌道運動の計算例を具体的に示しておこう（図 6・22 から図 6・25）．初期条件の取り方は無数にあるので，軌道もさまざまな軌道が可能だが，ニュートン力学における軌道運動との顕著な違いはすぐわかる．すなわち，

（1）ニュートン力学では軌道は閉じた楕円だったが，ブラックホールのまわりでは軌道は閉じた楕円にならない（図 6・22）．

（2）楕円的な軌道は描くが，その軸の方向（あるいは，ブラックホールに最も近い"近ブラ点"は，次第にずれていく（図 6・23）．

（3）ブラックホールにあまりに近づくと，周回運動ができずに，ブラックホールに落ち込む（図 6・24）．

6.3 惑星運動

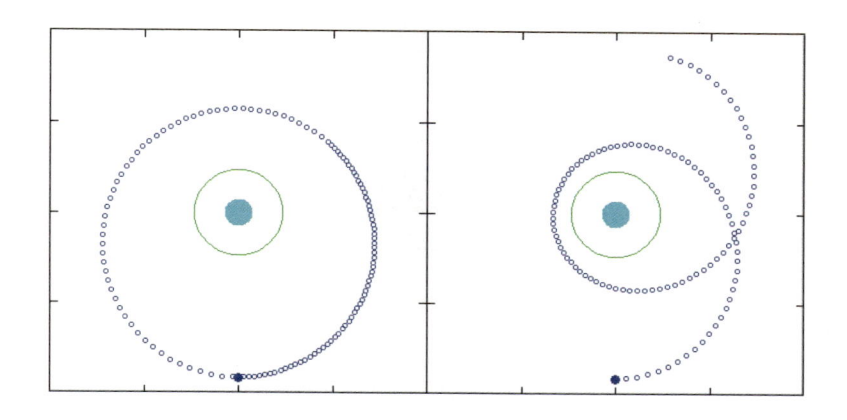

図6・22 ニュートン力学（左）と相対論（右）での粒子軌道の違い．中心の黒丸がブラックホールで，その少し外側の円は最終安定円軌道．

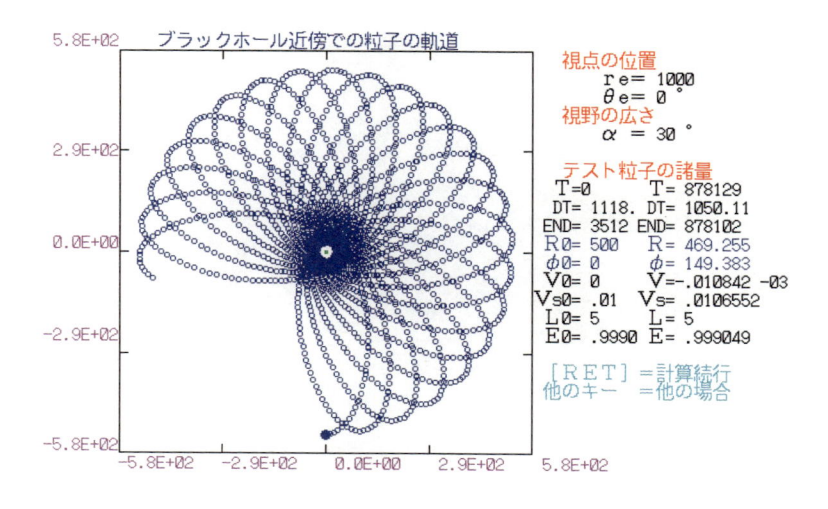

図6・23 軌道の軸がずれていく．

CHAPTER6 ブラックホールの力学

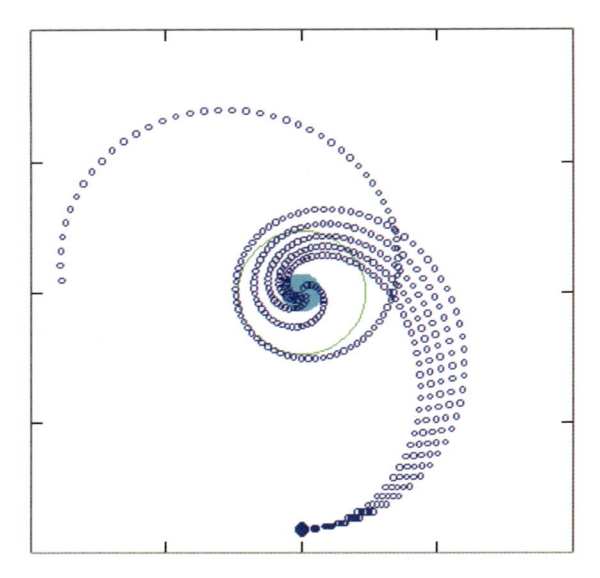

図6・24　ブラックホールに落下する軌道.

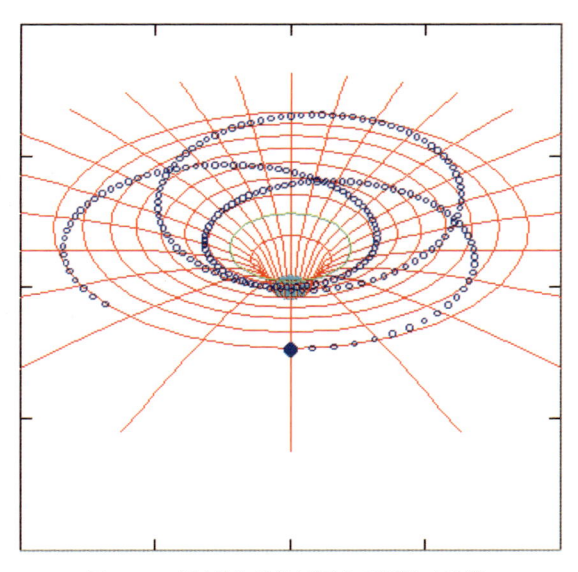

図6・25　埋め込みダイアグラムで表現した軌道.

数式コーナー

有効ポテンシャル

　質量 M の天体の周辺で比角運動量 l をもって軌道運動する物体の有効ポテンシャル ψ について，まとめておこう．

　ニュートン力学では，有効ポテンシャルは，重力ポテンシャル（単位質量あたりの位置エネルギー）と遠心力ポテンシャル（回転運動のエネルギー）の和からなる．重力ポテンシャルは $(-GM/r)$ で，遠心力ポテンシャルは $(l^2/2r^2)$ なので，

$$\psi = -\frac{GM}{r} + \frac{l^2}{2r^2}$$

と表される．

　有効ポテンシャルが極小になる半径，すなわち円軌道の半径 r_c は，ψ の微分から，

　　$r_c = l^2/GM$

である．また，ついでに，有効ポテンシャルが0になる半径 r_0 は，

　　$r_0 = l^2/2GM$

である．

　ブラックホールの場合の相対論的な有効ポテンシャルの式は，少し複雑なので省略するが，半径 r の関数として表すことができる．本文中の図は，そのような式を用いて描いたものである．また，有効ポテンシャルの極値を与える半径と角運動量の関係や，そのときのポテンシャルの値などもすべて，解析的な式で表すことができる．あ，こちらは，比較的簡単な式になる：

　　$l^2 = GMr/(1-3r_g/2r)$
　　$E/mc^2 = (1-r_g/r)/\sqrt{1-3r_g/2r}$

である．後者はすでに円運動のところで触れた式である．

4）水星の近日点移動の実証

　距離の 2 乗に反比例する引力が働く逆 2 乗の力の場では，惑星運動は太陽を 1 つの焦点とするきれいな楕円軌道を描く．しかし相対論では，引力が逆 2 乗で表せないために，例えば楕円軌道は閉じなくなる．この性質を，「近日点の移動」と呼んでいる．

　近日点の移動は，中心の天体がブラックホールであるか否かにかかわらず，太陽などのまわりでも生じうる現象で，ニュートンが正しければ楕円軌道は閉じるしアインシュタインが正しければ楕円軌道は閉じない．実際，太陽に一番近い惑星である水星では，その楕円軌道が完全に閉じておらず，少しずつ近日点の移動が起こっていることが知られていた（図 6・26）．観測される移動量は，100 年につき角度にして 574 秒角（$0°.16$）ほどもあった．もちろん太陽系の中には，木星などの巨大惑星もあるので，それらの重力によっても水星の軌道は影響を受け，近日点の移動は生じる．しかし，水星の近日点の移動量のうちで，ニュートン力学だけではどうしても説明できない部分が，100年につき 43 秒角分だけ残っていた．そしてアインシュタイン自身が，自分の構築した一般相対論を使って，この説明不能だった分をあざやかに解決したのは，あまりにも有名な話である．今日では，水星の近日点移動の説明は，一般相対論の検証の古典的テストの 1 つとして知られている．

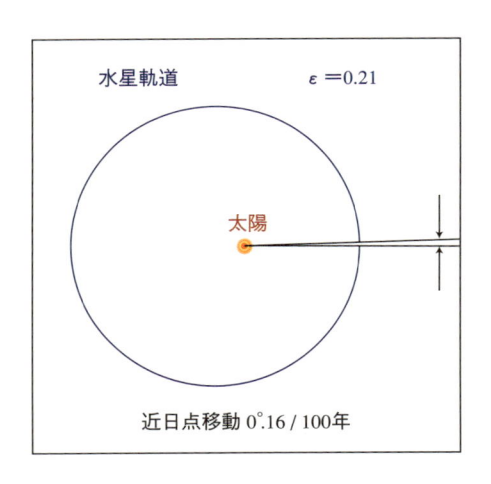

図 6・26　水星の近日点移動．

数式コーナー

近日点移動

　水星の近日点の移動は，相対論の入門書や教科書には必ず出ている話だ．またしばしば同時に出ているのが，相対論的効果が小さい極限における，1 公転あたりの近日点の移動角 δ の表式：

$$\delta = \frac{6\pi GM}{c^2 a (1-\varepsilon^2)}$$

である．ただしここで G は万有引力定数，c は光速，M は中心天体の質量，a は粒子の軌道長半径，ε は軌道の離心率である．

　水星の場合は，M に太陽質量，a に水星の軌道長半径 0.3871 天文単位，ε に水星軌道の離心率 0.2056 を入れると，上の式から，1 公転あたり，$\delta = 5 \times 10^{-7}$ ラジアン＝ 0.103 秒角が得られる．水星の公転周期が 0.2409 年だから，100 年では 100／0.2409 ＝ 415.11 公転するので，0.103 秒角×415.11＝ 約 43 秒角の移動量となるわけだ．

●COLUMN 10●

逆n乗の引力

　万有引力は距離の2乗に反比例するので，しばしば，「逆2乗の法則」とも言われる．万有引力の場で運動する粒子の軌道が，楕円・放物線・双曲線の3種類，いわゆる円錐曲線に限られることは，万有引力が逆2乗の法則であることと密接に関係している．実際のところ，もし，引力が逆2乗からちょっとでもずれていたら，軌道は円錐曲線にならないのだ（図6・27）．

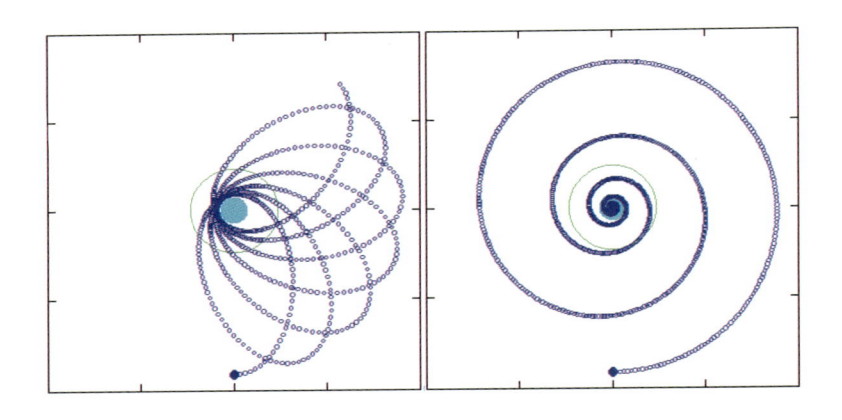

図6・27　逆n乗の引力場での軌道運動．

　例えば，逆2.1乗ぐらいの力の場だと，軌道は閉じた楕円にならずに，バラの花びらのような開いた軌道になる（図6・27左）．これはまさに相対論の軌道に似ている．それもそのはずで，相対論では，重力が強くなるので，その結果，引力は2乗よりもきつくなって，3乗の成分などが現れてくるためだ．また逆3乗ぐらいになると，軌道は中心に吸い込まれてしまう．まるでブラックホールがあるがごとくに．

CHAPTER 7
ブラックホールの光学

　本章では，ブラックホールのまわりにおける光線の振る舞いについて紹介する．光線の曲がり，重力場での赤方偏移現象，そしてブラックホールの見かけの大きさについて，具体例を挙げて説明しよう．光線が曲がるという現象は，常識ではあり得ないことで，きわめてブラックホールらしい現象である．

7.1　光線の彎曲

1）エレベータの思考実験

　一般相対論の基本的な考え方である等価原理などを認めれば，重力場の中で光が曲がることは直ちに証明できる．重要なポイントは，
(1) 光も自由落下する
(2) 空間が曲がっている
の2つである．

　まず前者の観点．

　ふたたびエレベータを思い浮かべてみよう（図7・1）．まず，周囲に何もない宇宙空間を加速しているエレベータの中で，横の壁の穴から水平方向に光が入射してきたとする．光は，エレベータの外側の宇宙空間に対しては（水平方向に）真っ直ぐ進むだろう．これはあきらかだ．

図7・1　エレベーターの思考実験．光の道筋はどうみえる？

では，エレベータの中で光を観測すると，どうみえるだろうか？ 光が水平方向に進む間に，加速によってエレベータは上方向に移動する．その結果，エレベータの中の観測者からみると，光はあたかも下向きに曲がったようにみえるだろう．このとき，もしエレベータが加速運動をしているのではなく，たんなる等速直線運動をしているならば，光の到来方向は水平から傾いてみえるが，光自体は真っ直ぐに進むようにみえるだろう．これは以前に出てきた光行差と同じである．しかし，エレベータが加速運動をしていると，単位時間あたりの移動距離がどんどん大きくなるので，光は軌跡は直線ではなく下向きに曲がった曲線になるのである．

ところで，等価原理の考えでは，天体のまわりの重力場と加速系とは，基本的に区別できない．この区別ができないということは，さまざまな現象もまったく同じにみえるということだ．すなわち，加速系で光が曲がってみえるのなら，重力場の中でも光は曲がってみえるはずなのである．

次に後者の観点．

ニュートン力学の成り立つユークリッド空間でも，重力場を考えないアインシュタインの特殊相対論でも，光速度は不変で有限ではあるが，光が直進するという性質は変わらない．しかし，重力場を考える一般相対論では，あらゆるモノの入れ物である空間自体が曲がっているのだから，光の道筋も曲がらざる

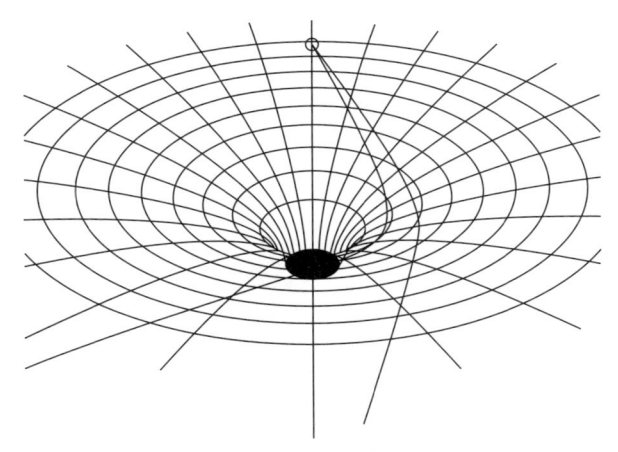

図7・2 曲がった空間．

7.1 光線の彎曲

を得ない．地球の表面のような曲がった空間では，そもそも"真っ直ぐ"な線を引くことは原理的に不可能なのだ．

光は2点間を最短時間で結ぶ経路を進むのだが（このことを「フェルマーの原理」と呼んでいる），曲がった空間に沿って進むため，最短時間の経路であるはずの光の軌跡も曲がるのである（図7・2）．別な言い方をすれば，光の軌跡そのものが曲がった空間における"直線"なのである．光は，あくまでも自分はまっすぐに進んでいるつもりのはずなのだ．

"アインシュタインの一般相対論では重力場中で光は曲がる"とよく言うが，より正確に丁寧に言えば，(1) 光も重力場中で自由落下することと，(2) 空間の曲がりによって光の道のりが変化することの2つの理由で，光は曲がるのである．

2) 光線の曲がりの計算例

シュバルツシルト・ブラックホール周辺における光線の軌跡の計算例を示しておこう（図7・3，図7・4）．

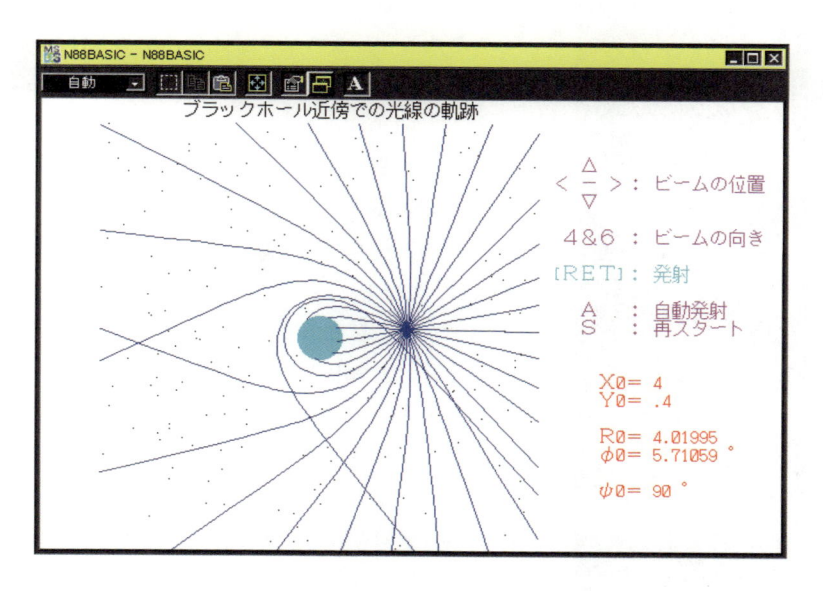

図7・3　ブラックホール近傍での光線の曲がりの計算例．

CHAPTER7 ブラックホールの光学

　図7・3は，ブラックホールの近くから，いろいろな方向に発射した光線の軌跡を示したものである．ブラックホールのそばでは，光線が強く曲げられることがわかる．また中には，右下に進んだ2本の光線のように，ブラックホールのまわりをぐるりと回って，同じ方向に向かうものも出てくる．このことは，逆に遠方からブラックホール周辺を眺めた場合に，同じ点の像がいくつも見えることを意味する．

　図7・4は，ビームをブラックホールに近づけながら，光線を10°毎に自動発射させたものである．ビームから発射された光線の本数はどれも36本だが，ビームの位置がブラックホールに近づくにつれ，ブラックホールに吸い込まれる光線が増えるために，見かけの本数が減っているのがわかるだろう．またブラックホールと反対の方向に発射された光線はほとんど直線に近いこともわかる．

　ブラックホール周辺における光の伝わり方として，光の波面と光円錐についても触れておこう（図7・5）．ブラックホールから遠く離れたところでは，光はあらゆる方向に光速で伝播するので，2章でも述べたように，3次元空間における光の波面は発射点を中心とする球面になる．また縦軸に時間をとったミンコフスキーダイアグラムでは，光の波面は頂角45°の対称な円錐―いわゆる光円錐―になる．しかし，ブラックホール近傍の曲がった空間では，光線も曲がるために，ある瞬

図7・4　ブラックホールに吸い込まれる光線群．

7.1 光線の彎曲

間の光の波面は，発射点よりも中心よりになってしまうのだ．そして光円錐もブラックホールの方に向いて傾いた円錐になってしまう．さらに，シュバルツシルト半径ちょうどで光を発射すると，光はブラックホールから出て行けないので，光の波面も光円錐も，シュバルツシルト半径の境界に接した形になるのだ．

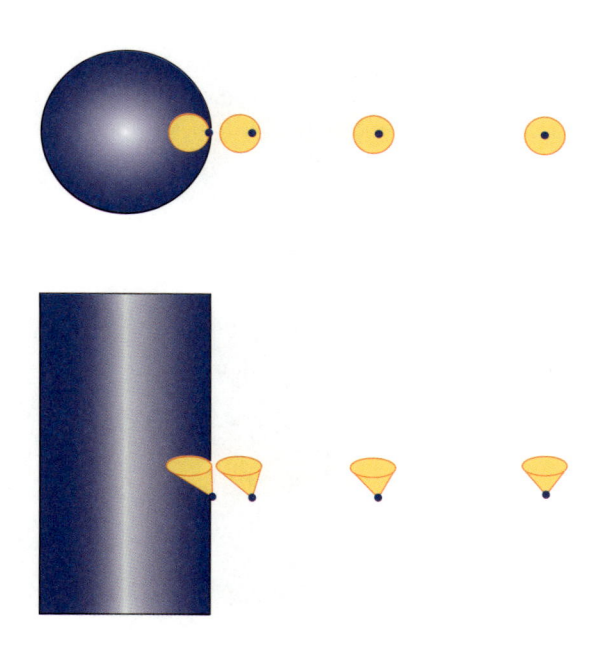

図 7・5　光波面と光円錐．
上は 3 次元空間での光の波面で，黒い丸がブラックホール領域．下はミンコフスキー時空での光円錐で，黒い筒が過去から未来へ伸びるブラックホール領域．

数式コーナー

光線の曲がりの式

　本書では，数式と言っても，せいぜいルートと三角関数ぐらいしか使わない簡単な代数式だけにとどめ，微積分は出さなかったのだが，光の曲がりはあまりにも劇的なブラックホール現象なので，1つだけ微分方程式を出そう．座標としては，よく使う直角座標 (x, y) ではなく，中心からの距離 r と x 方向からの角度 θ で位置を表す極座標 (r, θ) を使おう（図7・6）．

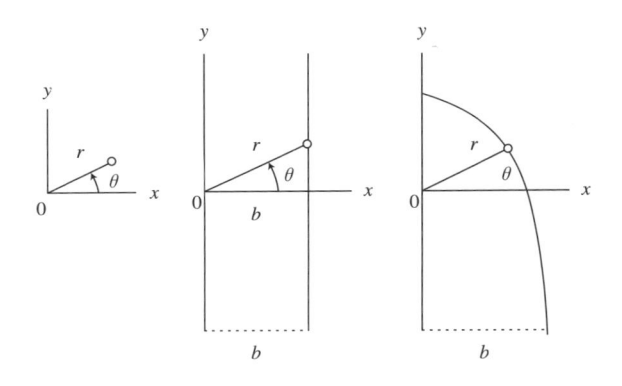

図7・6　光線の曲がり．

　まず，平らな空間における直線の式だが，原点と直線の距離を b とすると，極座標では $r\cos\theta$ がちょうど b に一致するので，

$$r\cos\theta = b$$

が直線の式になる．この b は，原点と直線との距離ではあるが，無限遠から直線がやってきたと考えたときに，無限遠において直線の方向が原点からどれぐらい外れているかを表す量でもあるので，「衝突パラメータ」と呼んでいる．

　一方，ブラックホールのまわりでの光線の式だが，無限遠から衝突パラメータ b で質量 M のブラックホールの方へ向けて進んできた光線の式は，一般的には，r と θ の関係式：$r = r(\theta)$ で表されるはずだ．この式が簡

7.1 光線の彎曲

> 単な代数式で表されれば話は早いのだが,世の中そうそう上手くはいかない. ただし, r に関する θ の微分方程式はわかっている.
> $$\left[\frac{d}{d\theta}\left(\frac{1}{r}\right)\right]^2 + \frac{1}{r^2}\left(1 - \frac{r_g}{r}\right) = \frac{1}{b^2}$$
> この微分方程式を数値的に解いて得られたのが,図の軌跡である.

3) 光線の曲がりの実証

いま述べたように,ブラックホール時空では光線は曲げられる. これは一般相対論の性質なので,どんな天体でも構わない. 例えば太陽の縁をかすめる光線は,一般相対論を使って計算すると,最初の方向から角度にして 1.75 秒角曲がることが予想された. 実は,等価原理のみによって,アインシュタイン自身が 1911 年,太陽の縁をかすめる星の光が 0.87 秒角曲げられることを導いていた. ところがこれは一般相対論による正しい値 1.75 秒角の半分にしかならず,まだ十分ではない. というのは,そのときの計算には,空間が曲がっているという効果が入っていなかったからだ. 両方の効果を入れた結果として,その後,1.75 秒角という値が得られている.

ブラックホールに比べて太陽の重力は非常に弱いので,曲げられる角度(1.75 秒角)もきわめて微小で測定が難しい. しかも太陽がきわめて明るいために,普段は太陽の方向の星を見ることはできない. しかし,皆既日食のときは,太陽の近くの星を写真に撮ることができる. そして皆既日食中に撮影した写真と,半年後(あるいは半年前)の夜に撮影した写真とを比較して,星の見かけの位置のずれを測定することができるのである. もし一般相対論の予言通りに光線が曲がるのなら,皆既日食の際に,星の位置が僅かだけずれて見えるはずだ. しかもそのずれ方は太陽から離れる方向にずれているだろう(図 7・7).

第 1 次世界大戦直後の 1919 年 5 月 29 日,アフリカとブラジルで皆既日食が起こった. 著名な天体物理学者アーサー・エディントン卿(A. Eddington)の率いるイギリス観測隊が,アフリカ西岸のプリンシペ島とブラジルのソブラル村へ出向き(エディントンはプリンシペ島へ行った),太陽のまわりに見える星の位置が,まさに一般相対論の予言通りにずれていることを確かめたのだ.

CHAPTER7　ブラックホールの光学

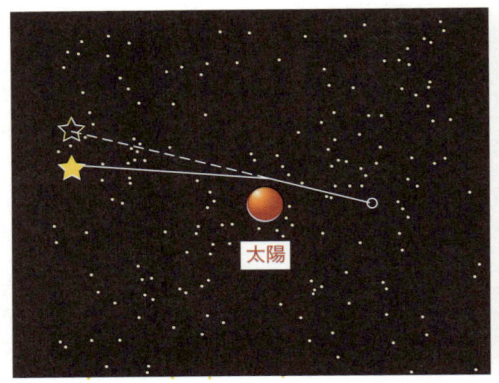

図7・7　太陽の縁をかすめる星からの光線.

　この日食観測によって，アインシュタインと相対論の名は一躍世界に知らしめられたのである．

　1970年前後からは，電波干渉計を用いることにより，測定精度がいちじるしく高められた．電波干渉計は，数kmぐらいの距離で設置した複数の電波望遠鏡からなるシステムで，それぞれの電波望遠鏡の信号を干渉させることで，電波天体の位置をきわめて高い精度で求めることができる装置である．この手法で，天球上の電波源の位置を調べ，光線（いまの場合は電波）の曲がりを検出するのである．

　例えば遠方の点状電波源クェーサー3C279は，赤方偏移が0.54で，赤経12時54分，赤緯マイナス5度31分に位置するが，毎年10月8日に太陽に掩蔽される．このクェーサーから約10°離れたところに，別のクェーサー3C273がある（赤方偏移0.16，赤経12時27分，赤緯プラス2度20分）．この3C279が太陽に背後に隠れる際には，3C279からの電波の経路が光線の場合と同じように曲げられて，3C279の電波位置が少しずれて見えるはずである．しかも太陽は強い電波を出していないので，掩蔽の様子が電波できっちり見てとれる．そこでそのときの3C279と3C273の相対角度の変化を精密に測定することにより，電波の曲がり方の度合を調べるのである．

　この方法により，1969年，サイエルスタド（G. A. Seielstad）らは，太陽

7.1 光線の彎曲

の縁での曲がり角として，1.77 秒角（誤差±0.20 秒角）を得た．さらにその後，0111+02，0119+11，0116+08 という 3 つの電波源を用いた同じ原理の観測で，フォマロン（E. B. Fomalont）らは，1.775 秒角という値を得ている（1975年）．太陽コロナや地球大気，観測器械などに起因するさまざまな誤差を注意深く取り除くことにより，現在では，実に 1％以下の誤差で，太陽のそばの光線の曲がりが実証されているのだ．

数式コーナー

曲がり角

　無限遠から到来した光線が，質量 M の天体の重力場で曲げられて，ふたたび無限遠に進んでいくとき，曲げられた角度を δ とする（図 7・8）．

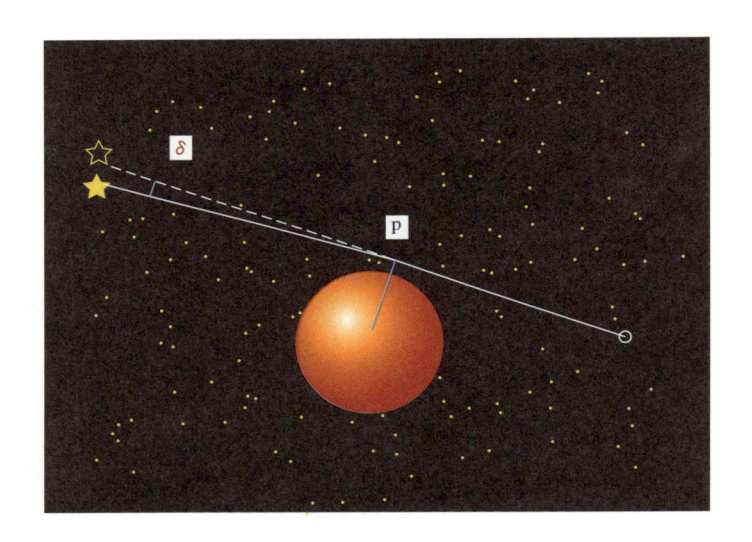

図 7・8　光線の曲がり角 δ．

　ブラックホールなどのまわりでは，曲がり角 δ は大きいが，重力場が弱くて光線の曲げられる角度 δ が十分小さい場合には，p を近星点距離（到来した光線が天体に最も近づく距離）として，

$$\delta = \frac{4GM}{c^2 p} = \frac{2r_g}{p}$$

と近似される．この近似は，$r_g \ll p$ で成り立つ．

　例えば M に太陽質量，p に太陽半径を入れると，δ として 8.48×10^{-6} ラジアン＝1.748 秒角が得られる．すなわち太陽の縁をかすめる光線は，角度にして約 1.75 秒ほど曲げられる．

7.2 重力赤方偏移

1）時間の遅れと重力赤方偏移

　発した光と受けた光の波長が，いろいろな原因によって変わることを，一般に赤方偏移と呼んだ．とくに，天体の質量の作る重力の井戸の底で発せられた光を，天体から離れたところで受け取ると，もとの波長より赤い方へ波長が延びて観測されるが，この現象を「重力赤方偏移」と言う．重力赤方偏移は，重力場中での時間の進み方と密接に関連している．

　天体のすぐそばで，100 ヘルツの振動数をもった光を発射したとしよう（図7・9）．100 ヘルツというのは"1 秒間"に 100 回振動することを意味するが，ここで1秒間というのがくせものだ．すなわち一般相対論では，時間の進み方は，測っている場所あるいは観測者の状態によって違ってくるので，同じ 1 秒と言っても，他の場所の 1 秒とは違う．天体の近くで 1 秒経ったときに，天体から離れた場所では，そこの時計で測って 2 秒も 3 秒も経っている場合がありうるのだ．一方，100 回という振動の回数自体は，どこで数えても変わらない．

したがって，天体の近くで 100 ヘルツだったとしても，天体から離れた場所で測って，例えば 2 秒間に 100 回の振動なら結局 50 ヘルツ，3 秒間に 100 回なら 33.3 ヘルツの光になってしまう．振動数が小さくなるわけだ．しかも光の速さはどこで測っても一定なので，振動数が小さくなるということは，波長が長くなる（赤方偏移）ということなのだ．これが重力赤方偏移の仕組みである．

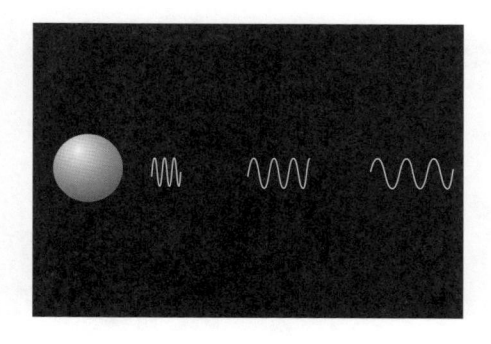

図7・9　光波の波長の変化．

　重力赤方偏移の度合は，天体の質量が大きいほど，また天体の半径が小さいほど大きい．質量 M，半径 R の天体を考えよう．このとき天体のシュバルツシルト半径を r_g とする（ブラックホール以外は，シュバルツシルト半径は天体の半径より小さい）．この天体の表面から $\lambda_発$ の波長の光が発射されたとき，天体

CHAPTER7 ブラックホールの光学

から十分離れた場所で観測される波長 $\lambda_{観}$ を図 7・10 と表 7・1 に示す．図の横軸はシュバルツシルト半径を単位とした天体の半径で，縦軸は $\lambda_{観}$ と $\lambda_{発}$ の比で，赤方偏移に 1 を加えたものになっている．

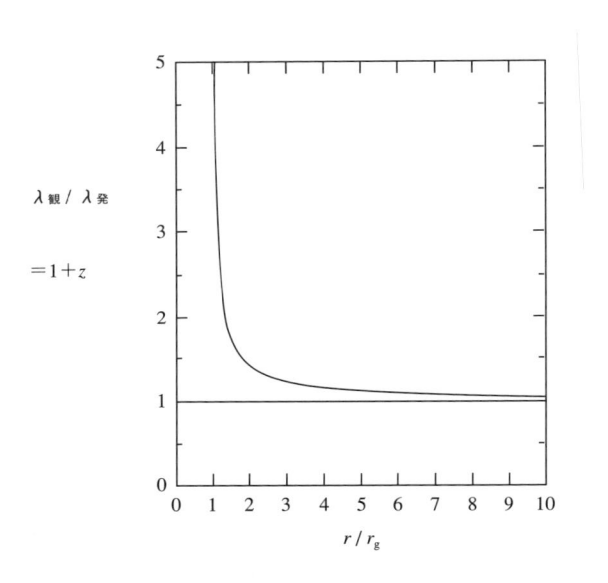

図 7・10 重力赤方偏移による波長の変化．

表 7・1 天体の重力赤方偏移

天体	天体の半径 R と r_g の比率 r_g/R	$\lambda_{観}/\lambda_{発}$ ($=1+z$)	赤方偏移 z
地球	7 億分の 1	1.000000001	7×10^{-10}
太陽	20 万分の 1	1.00000214	2.14×10^{-6}
白色矮星	0.0003	1.00020	0.00020
中性子星	0.6	1.58	0.58

数式コーナー

赤方偏移の式

まずブラックホールから距離 r の宙点に静止した発光体が,そこの固有時間で τ の間に n 個の山をもつ電磁波を発射したとする.そうすると発射宙点での振動数 $\nu_\text{発}$ は,

$$\nu_\text{発} = n/\tau$$

である.無限遠では,この n 個の山を無限遠の固有時間で t かかって観測するので,無限遠での振動数 ν_∞ は,

$$\nu_\infty = n/t$$

となる.τ と t の間の重力場における時間の遅れの関係から,

$$\nu_\infty = (\tau/t)\,\nu_\text{発} = \sqrt{1 - \frac{r_\text{g}}{r}}\,\nu_\text{発}$$

が得られる.したがって,無限遠で受け取る光の波長 λ_∞ と発射時の光の波長 $\lambda_\text{発}$ の間の関係式は,

$$\lambda_\infty = \frac{\lambda_\text{発}}{\sqrt{1 - r_\text{g}/r}}$$

となる.また赤方偏移の大きさ z は,

$$z = \frac{1}{\sqrt{1 - r_\text{g}/r}} - 1$$

と表される.

なお,天体の中心から $r_\text{発}$ の距離で波長 $\lambda_\text{発}$ の光を発射し,それが $r_\text{観}$ の距離で $\lambda_\text{観}$ の波長で観測されたとすると,赤方偏移 z は,

$$z = \frac{\lambda_\text{観} - \lambda_\text{発}}{\lambda_\text{発}} = \frac{\sqrt{1 - r_\text{g}/r_\text{観}}}{\sqrt{1 - r_\text{g}/r_\text{発}}} - 1$$

と表される.

2）重力赤方偏移の地上での実証

　地球近傍での赤方偏移の度合は，10 のマイナス 10 乗程度できわめて小さなものである．こんな小さい値が測定できるのだろうか？　とても信じがたい気がするが，メスバウアー効果がそれを可能にした．

　励起状態（高いエネルギー状態）にある原子核は，光（ガンマ線）を放出して，基底状態（最低のエネルギー状態）に遷移する（図 7・11）．基底状態と励起状態のエネルギーの差は，量子力学の制約から，とびとびの値しかとれない．そのため，放出されるガンマ線の波長も，そのエネルギーの差に対応して，特定の波長のものになる．逆に，基底状態にある原子核は，励起状態とのエネルギー差に対応した"特定"の波長のガンマ線を吸収することができ，励起状態に遷移する．これを「共鳴吸収」と呼ぶ．実際は放射や吸収には量子力学的な不確定性原理による自然幅があるので，共鳴吸収は特定波長だけではなく，特定波長をピークとしてそのごく近傍で起こる．

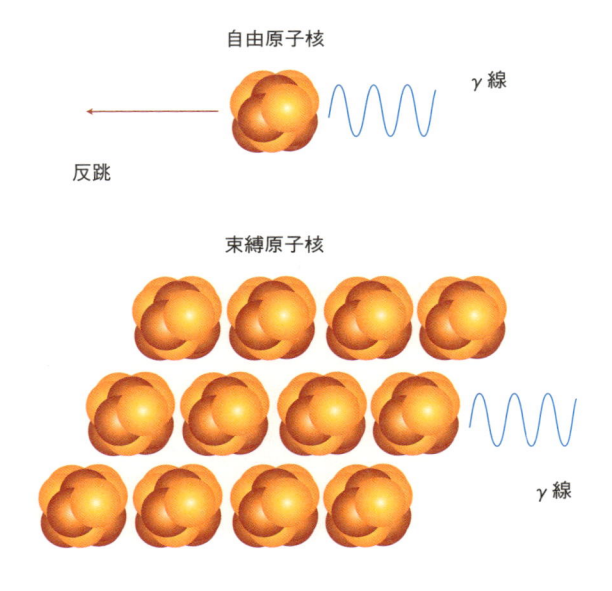

図 7・11　メスバウアー効果．

7.2 重力赤方偏移

さてまず，1個の自由な原子核を考えてみよう（図7・11上）．最初，励起状態にあって，ガンマ線を放出して基底状態に移ったとする．もし原子核が単独で自由に動ける場合には，ガンマ線が飛び出した反作用を受ける．すなわち，放出されたガンマ線は，そのエネルギーに対応する運動量をもっているので，作用反作用の法則で，ガンマ線が飛び出したのと反対方向に原子核も弾かれるのだ（これを「反跳」と呼んでいる）．さらに運動するということは，それ相応の運動エネルギーをもつことになる．エネルギーは保存されなければならないので，その運動エネルギーは，励起状態から基底状態に遷移した際に放出されるエネルギーのおこぼれをもらわなければならない．結局，単独の原子核の場合，励起状態と基底状態のもともとのエネルギー差より少し小さなエネルギーのガンマ線が放出されることになる．

ところで，励起状態と基底状態のエネルギー差と同じエネルギーをもったガンマ線は，基底状態にある別の原子核に吸収されることができるのだが，上に述べたように，自由な原子核から放出されたガンマ線のエネルギーは，若干不足しているので，他の原子核で吸収できない．結局，自由に動ける原子核同士の間では，一般に共鳴吸収は起こらない．

しかし，原子核が結晶中に強く束縛されていると話は別だ（図7・11下）．結晶中では原子核は他の原子核とスクラムを組んでおり，ガンマ線を放出したときにも，結晶全体で反跳を受け止める．反作用としての運動量は同じだが，全体の質量が大きくなるために，速度はきわめて小さくなり，反跳の影響によるガンマ線のエネルギーの減少はほとんど無視できる．結局，結晶中の原子核同士の場合には，基底状態と励起状態のエネルギー差に対応するエネルギーのガンマ線をやり取りすることができるのである．この反跳のないガンマ線の放出吸収過程が，「メスバウアー効果」だ．

メスバウアー効果によって，10^{13}分の1という驚くべき精度で，放出ガンマ線の振動数を決めることができるようになったのである．1958年にこの効果を発見したドイツの物理学者メスバウアー（R. L. Mössbauer）は，当時弱冠29歳だったが，この発見によって1961年度のノーベル物理学賞を受賞した．

このメスバウアー効果を用いて，1960年に，ハーバード大学のパウンド（R.V. Pound）とレプカ（G.A. Rebka）は，地上の重力赤方偏移を測ったの

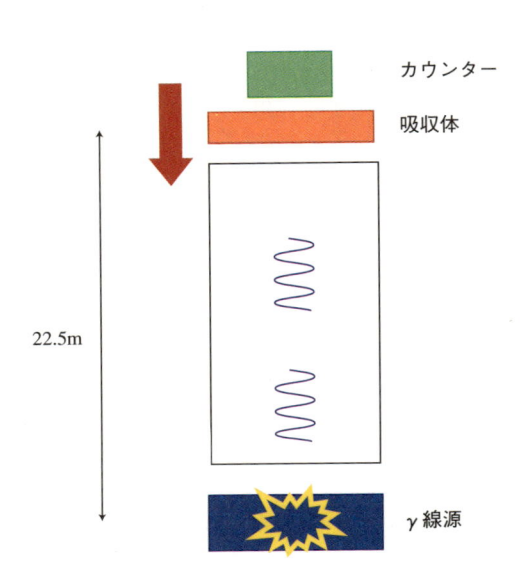

CHAPTER7 ブラックホールの光学

図7・12 ハーバードの実験.
塔の下にガンマ線放射源を，塔の上にガンマ線吸収体を置いて，吸収体を下向きに動かし共鳴吸収の起こる速度を探した．

である．彼らのやりかたは，原理的には単純だ．すなわちまず，図7・12のように，ガンマ線放射源とガンマ線吸収体を鉛直方向に並べる．そのために，彼らはハーバード大学のジェファーソン物理学研究所内にあった高さ 22.5 mの塔を用いた．またガンマ線放射源としては，コバルトの放射性同位体 ^{57}Co を用いた．コバルト ^{57}Co は軌道電子捕獲によって自然崩壊し，鉄 ^{57}Fe に変わる．この鉄 ^{57}Fe は励起状態にあり，14.4keV（キロ電子ボルト）のガンマ線を放出して普通の鉄になる．

さて，もし重力場がなければ，メスバウアー効果によって，ガンマ線放射源から出てきた 14.4 keV のガンマ線は吸収体で共鳴吸収されて，吸収体の背後に置いたカウンターではガンマ線を検出できないだろう．しかし地上では重力場のために，10 のマイナス 15 乗とはいえ，放射されたガンマ線が赤方偏移を受ける．その結果，共鳴吸収は起こらなくなる．そこでガンマ線吸収体を放射源に近づくように下向きにゆっくり動かすのだ．そうするとドップラー効果のために青方偏移が起こって，それが重力場による赤方偏移をちょうど相殺する速度で，共鳴吸収が起こる．その速度を測定して，重力赤方偏移を求めたのである．

22.5 m の高さで期待される赤方偏移の大きさは，4.92×10^{-15} だったが，パウンドとレプカの得た実験値は，$5.13 (\pm 0.51) \times 10^{-15}$ だった．すなわち理論値と測定値の比として，1.05 ± 0.10 という値を得たことになる．さらに

7.2 重力赤方偏移

1965年に，パウンドとJ・L・スナイダーが精度を上げた実験をして，理論値と測定値の比として，0.9990 ± 0.0076 という結果を得ている．

結局，メスバウアー効果を用いた重力赤方偏移の検証実験では，1％程度の精度で，一般相対論に基づく計算値が測定値と一致し，理論が実証されている．

3）重力赤方偏移の宇宙での実証

太陽表面では，地球表面より重力加速度が大きく，赤方偏移は 2×10^{-6} になる．この赤方偏移は検証できないだろうか？ 太陽のスペクトル中には，太陽からの光が太陽大気中の原子によって吸収されて生じた無数の暗線がある．これらの吸収線は，19世紀のはじめにそれらを調べた研究者にちなんで，今日「フラウンホーファー線」と呼ばれている．フラウンホーファー線の中で，とくに強い吸収線は，スペクトルの赤い方から順に，A，B，C，D，E，F，G，H，Kと名づけられているが，このうちD線は中性ナトリウムの原子によって生じたものである（ナトリウムD線と呼ぶ）．D線は実は，D1と呼ばれる 589.6 nm の線と，D2 という 589.0 nm の線の，非常に接近した2本の吸収線からなっている．ブロールト（J. W. Brault）は，1963年に，このナトリウムの D1 線の波長の赤方偏移を精密に測定した．その結果，5％程度の誤差で，観測される赤方偏移と，計算される値が一致していることを確認したのである．ただし太陽表面では，ガスが激しく運動しているために，スペクトル線の幅が広くなり，精度はあまりいいとは言えない．

白色矮星では赤方偏移は 0.0002 ぐらいになる．白色矮星の赤方偏移もいろいろ調べられており，例えば，パロマ天文台の J・L・グリーンシュタイン（J. L. Greenstein）とヴァージニア・L・トリンブル（V. L. Trimble）は，パロマ天文台のスペクトル分光器を使って 53 個の白色矮星を観測した結果を報告している（1967年）．そして赤方偏移の値として，0.00017 くらいから 0.00020 程度のものを得ている．これはアインシュタインの理論の予想にきわめて近い．ただ，白色矮星の質量は軌道解析から求めることができるが，その半径を正確に知ることができない．そのためむしろ，得られた赤方偏移は，白色矮星の半径を求めるためのデータとして使われている．

さらに重力の強い中性子星でも，重力赤方偏移は確認されている．1983年2月に，日本が打ち上げた X 線天文衛星てんまは，蛍光比例計数管というエネル

ギー分解能の高い X 線検出器を搭載していたが，そのおかげで，さまざまな X 線天体のスペクトルを得ることに成功した．このてんまが，打ち上げ直後の 4 月と 6 月に，X1636－536 という X 線天体を観測した．赤経 16 時 36 分，赤緯マイナス 5 度 36 分に位置するこの天体は，X 線バースターと呼ばれる天体で，中性子星の表面に降り積もったガスが爆発的に核融合反応を起こし，2000 万度くらいの高温になって吹き飛ぶ現象（X 線バースト）を起こすことが知られている．てんまが観測した X 線領域のスペクトルでは，本来は 6.7 keV のところにある鉄の吸収線が，何と 4.1 keV の場所に偏移して観測されたのだ．このずれが重力赤方偏移で起こったとすると，赤方偏移の大きさは $6.7/4.1-1=0.63$ にもなる．そしてこれだけの重力赤方偏移を生じるためには，中性子星 X1636－536 の半径は，シュバルツシルト半径の 1.6 倍しかないことになる．この中性子星はブラックホール直前の状態だと言えるだろう．白色矮星の場合と同じく，中性子星物理でも，重力赤方偏移は，物理状態を知るための道具として使われているのである．

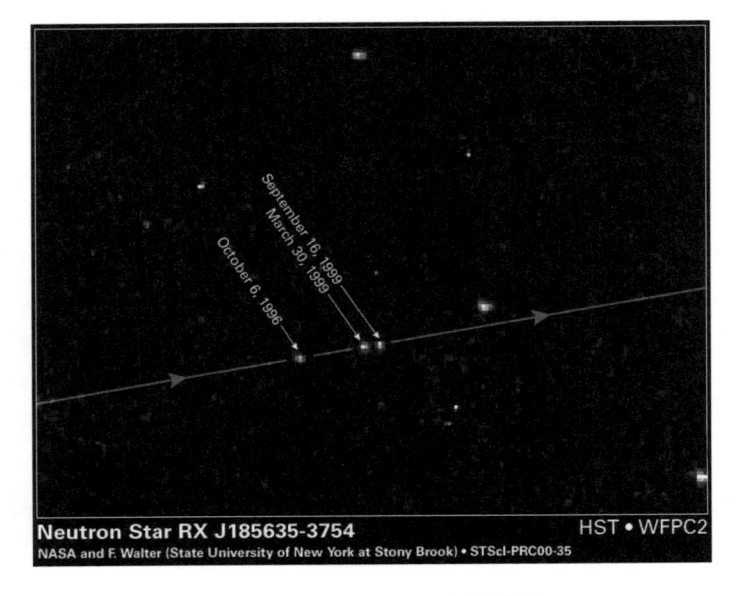

図 7・13　中性子星（ハッブル宇宙望遠鏡）．

自分の築いた一般相対論を検証するために，1919年3月の論文で，アインシュタイン自身が3つのテストを提案した．すなわち（1）重力場中での時間の遅れとそれに伴う光の赤方偏移，（2）光線の彎曲，そして（3）水星の近日点移動である．その後に提案された多くの検証実験も含め，現在のところ，一般相対論はすべてのテストをクリアしている．

7.3　ブラックホールの大きさ

1）光子半径と時空の合わせ鏡

ここでは，ブラックホールの大きさについて考えてみよう．ブラックホールの大きさはシュバルツシルト半径だったはずだ，というと少し短絡的過ぎるし，だいたい紙数を費やす必要もない．確かに，ある座標システムで考えたときに，ブラックホールの半径はシュバルツシルト半径と"お約束"する．しかしながら，その半径が，実際に，"ブラックホールとして見える大きさ"なのかというと，そこのところは少し考える必要があるのである．

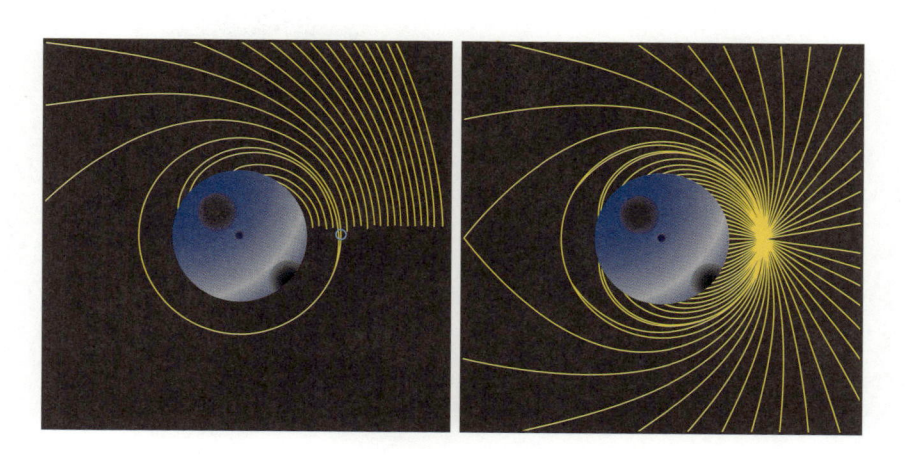

図7・14　光子半径．
左：いろいろな半径から円周方向に発射した光線．
右：光子半径からいろいろな方向に発射した光線．

その前にまず,「光子半径」について触れておこう(図7・14).ブラックホールのまわりでは光線が曲げられ,しかも曲がる程度はブラックホールに近いほど大きい.そこで,ブラックホールの中心とは直角な方向すなわち円周方向に光線を発射してみる.発射する場所がブラックホールから遠ければ,光線はほとんど真っ直ぐに進むが,発射位置がブラックホールに近づくにつれて,光線はブラックホールの方に曲げられるだろう.そして,ついには,発射した光線がブラックホールのまわりをぐるりと回って発射位置まで戻ってくるという,とんでもない事態が起こる.円周方向に発射した光線が時空の曲がりに沿って進みもとに位置に戻るようになる半径を「光子半径」と呼んでいる.シュバルツシルト・ブラックホールでは,光子半径 r_ph はシュバルツシルト半径の1.5倍になる:

$$r_\mathrm{ph} = 1.5\, r_\mathrm{g}$$

光子半径より内側になると,円周方向に発した光はもとに戻りきれずに,ブラックホールに吸い込まれてしまう.この光子半径は,ブラックホールのまわりの光学においては,重要なキーワードの1つだ.

ところで,この光子半径の位置でブラックホールの円周方向を向いて立つことができたとしたら,自分の後ろ頭が見えるはずである.また不思議な視界が広がっているだろう.右の絵を参考に,少し想像してみて欲しい.

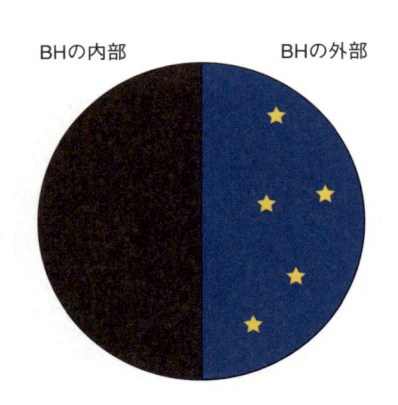

図7・15 光子半径での星空.

2) 無限遠から見た大きさ

では,いよいよ,ブラックホールの"見た目の"大きさを考察する.まず,無限遠から見た大きさ,言い換えれば無限遠に"射影した"大きさを考えてみよう(図7・16).

半径 R の球を無限遠から見たときに,球の見た目の大きさ,具体的には見た

7.3 ブラックホールの大きさ

目の半径は，球の中心から発した光が無限遠に届く位置と，球の縁から発した光が無限遠に届く位置の差 b で与えられる．この無限遠に射影した球の半径 b は，光線を逆に辿れば，無限遠から球に向けて発した光線が球にぶつかるギリギリの半径なので，「衝突パラメータ」と呼ぶこともある．

さて，もし空間が平坦で光線の曲がりがなければ，無限遠に射影した球の半径 b は，当然ながら，もとの球の半径 R に等しい．すなわち，無限遠から見た大きさはもとの大きさと変わらない（図 7・16 上）．

ところが，光線が曲がると話は違ってくる（図 7・16 下）．光線の経路はどちらから辿ってもいいので，無限遠からブラックホールに向けて多数の平行光線を発射してみよう．衝突パラメータ b が十分大きければ，光線はブラックホールをそれるが，b が小さくなるにつれてブラックホール近傍での光線の曲がりは大きくなり，ついにはある b 以下で光線はブラックホールに吸い込まれるようになる．このときのギリギリの b のときが，ブラックホールから発した光線（というものがあれば）が無限遠に届くときなので，無限遠から眺めたブラックホールの大きさにほかならないわけだ．

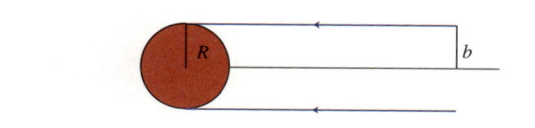

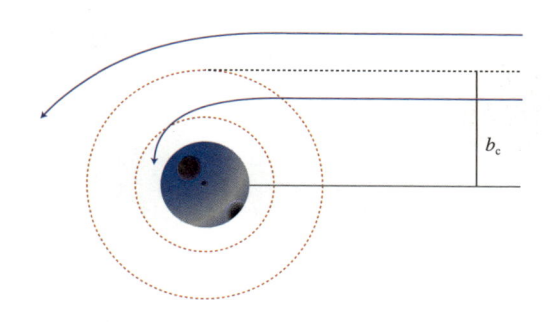

図 7・16　無限遠から見たブラックホールの射影サイズ．

このときの衝突パラメータ b の値は，光線の曲がりの式から解析的に求めることができて，b の臨界値 b_c は，

$$b_c = (3\sqrt{3}/2)\, r_g \sim 2.60\, r_g$$

CHAPTER7 ブラックホールの光学

となる．すなわち，無限遠に射影したブラックホールは，もとのサイズよりも，2.6倍も大きく見えるのである．

なお，b が臨界値のとき，光線が最もブラックホールに近づく距離（近ブラ点）が，まさに光子半径の $1.5\,r_\mathrm{g}$ になっている．つまり，無限縁から臨界衝突パラメータでブラックホールに向けて発射された光線は，ブラックホールの光子半径にまで達し，原理的には，その半径をぐるぐると回り続けるのである（現実には，いずれブラックホールに吸い込まれるか，あるいは，かろうじて逃げ出すかするだろうが）．

3）見かけの大きさ

では，今度は，有限の距離からブラックホールを眺めてみよう．

同じ大きさの物体でも，近くにあれば大きく見えるし，遠くにあれば小さく見える．そこで，通常は，物体を見込む角度をもって，"物体の見かけの大きさ"とする（図7・17）．例えば，半径 R の球を距離 r の位置から眺めたときに，その球の見かけの半径は，球の中心と球の縁のなす角度 θ で与えられる．この見かけの半径を，しばしば，「視半径」と呼んでいる（視半径と区別するために，本当の半径を，「実半径」と呼ぶことがある）．実は，このような，見かけの大きさは，距離のわからない天体現象ではよく出てくるもので，例えば2つの星の距離などでも，実際の距離である「実距離」と，2つの星のなす角度である「視距離」を使い分ける．

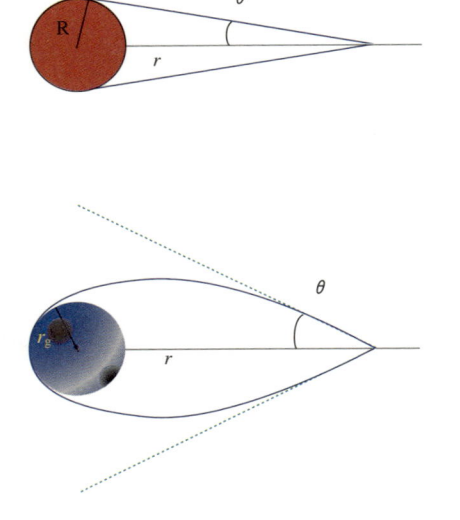

図7・17 有限距離から見たブラックホールの見かけの大きさ．

この見かけの大きさも，光線が曲がると，当然，平坦な空間の場合とは話が違ってくる．ブラックホールから距離 r の位置における，ブラックホールの見かけの大きさ，いわばブラックホールの"視半径"は，光線が曲がると単純な

7.3 ブラックホールの大きさ

幾何学的な視半径より大きくなることは容易にわかるだろう．そして，ブラックホールに近づくほど，ブラックホールの"視半径"は，どんどん大きくなる．例えば，光子半径まで近づいたときには，視半径は実に 90°になる．すなわち，ブラックホールの方向を向くと，前方視界すべてがブラックホールとして見えるのだ．そして，シュバルツシルト半径にまで到達すると，そう，ブラックホールは全天を覆い尽くし，すべての方向がブラックホールになってしまう（図 7・18，図 7・19）．

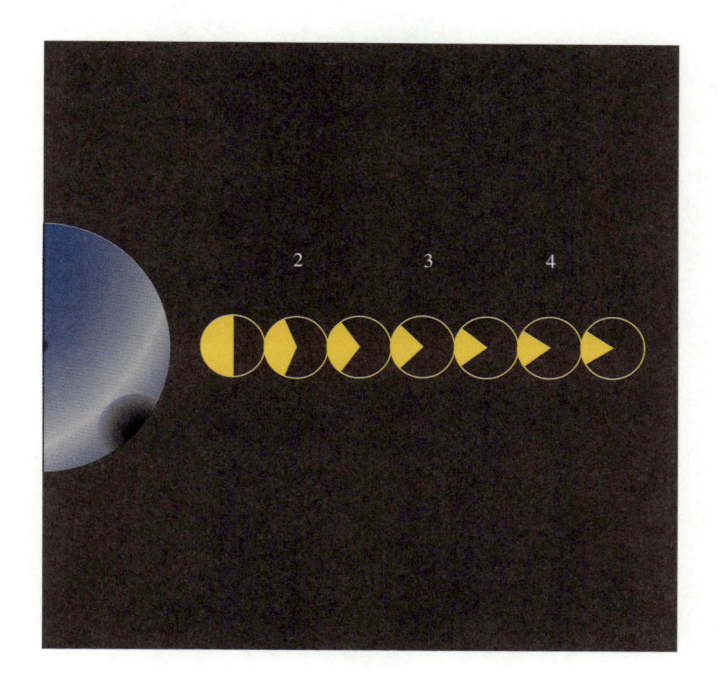

図 7・18 ブラックホールの見かけの大きさ．

CHAPTER7　ブラックホールの光学

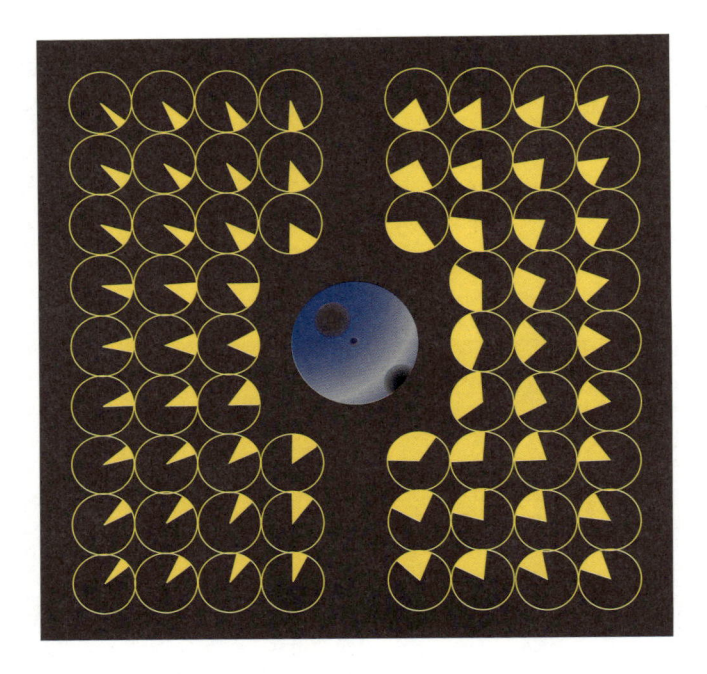

図7・19　ブラックホールの見かけの大きさ．
左側は幾何学的な大きさで，右側は光線の曲がりを考慮したもの．

数式コーナー

ブラックホールのサイズ

半径 R の球を距離 r から眺めたときの視半径 θ を考える．

光線の曲がりがないときには，視半径は幾何学的な関係で求まり，

$$\sin\theta = \frac{R}{r}$$

で与えられる．

一方，ブラックホールの場合，光線が曲がるので，ブラックホールの視半径は，幾何学的なものよりも大きくなる．すなわち，光線がブラックホールに吸収されてしまう角度 θ は，

$$\sin\theta = \frac{3\sqrt{3}}{2}\frac{r_g}{r}\sqrt{1-\frac{r_g}{r}}$$

で与えられる．例えば $r = 3r_g$ のときは $\theta = 45°$ になり，それよりブラックホール方向へ発射した光線はすべてブラックホールに吸収される．また光子半径 $r = 1.5\,r_g$ では $\theta = 90°$ となり，円周方向より少しでも内側へ向けるとすべて吸収される．

ちなみに，光線の曲がりを入れた式で r を十分大きくすると，$\sin\theta \sim (3\sqrt{3}/2)\,r_g/r$ となるが，これは無限遠でのブラックホールの見かけのサイズが，$(3\sqrt{3}/2)\,r_g$ になっていることを反映している．

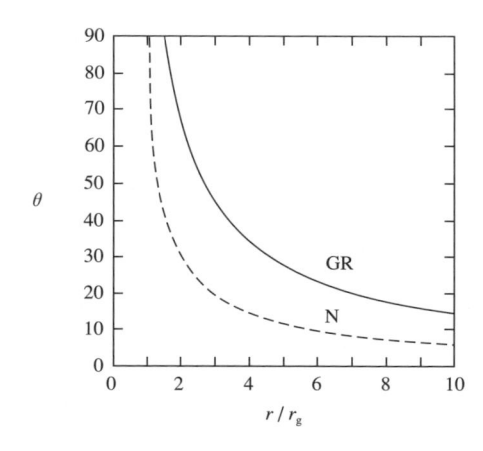

図7・20 視半径 θ．ニュートン（N）より一般相対論（GR）の方が大きくなる．

●COLUMN11●

ライフセーバーとフェルマーの原理

　レーザー光線を使ったショーイベントなどで赤や緑の光の矢が乱舞するときに，一本一本の光の矢は空間を真っ直ぐに貫いている．光の道筋である「光線」は"直進"することは経験的な"事実"だ．テレビ放送の電波も，家電リモコンの赤外線も，レントゲン撮影のX線も，光（可視光）を含め電磁波はすべて直進する性質がある．

　光が"直進"することは，あまりにも当たり前なので，ブラックホールのまわりでは，その強い重力のために光線が曲がる，というと，非常に奇異な感じを受ける．しかし，別にブラックホールを持ち出さなくても，光線はしばしば曲げられているのだ．一番いい例が，お風呂とかで見られるように，水中から空気中に出てきた（あるいはその逆の）光が曲げられる現象だ（図7・22）．これを光の「屈折」と呼んでいる．水による光の屈折は，空気と水の境目があるためのように思えるかもしれないが，例えば光ファイバー内を伝播する光線や電離層で反射する電波のように，媒質が連続的に変化していても光線は曲げられる．

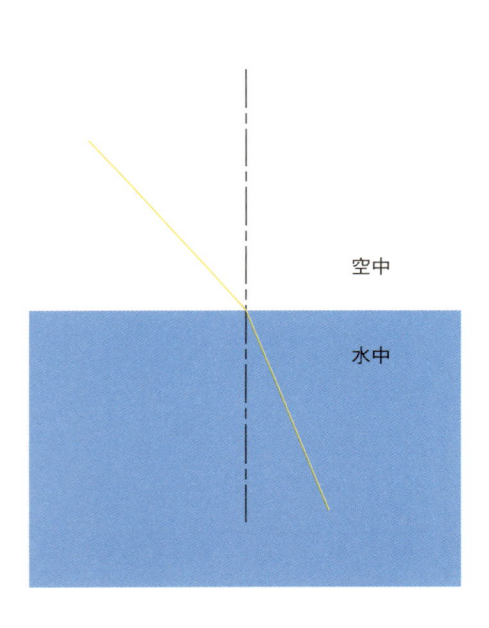

空中
水中

図7・22　光線の屈折

　すなわち，光線が曲げられるという現象は，光線が伝播する媒質の性質が場所ごとに変化していくときに起こるのである．したがって，水やプラズマな

ライフセーバーとフェルマーの原理

どの媒質に限らずに，ブラックホールのまわりのように，伝播する空間の性質自体が場所的に変化したときにも光線が曲げられるのは，そのこと自体は案外と不思議なことではない．

むしろ本当の難問は，媒質中を進む光線は，どうやって自分の進むべき道を見出すのだろうか，という問題だ．

ライフセーバーの話を引き合いに出してみたい（図7・23）．海水浴場などで泳いでいる人を看視し，いざ誰か溺れたときに助けに行く人のことを，ライフセーバー（水難救助人）と呼ぶ．さて，浜辺のW地点で看視していたライフセーバーが，海のC地点で溺れている子供を発見した．ライフセーバーはW地点からC地点まで大急ぎで駆けつけるわけだが，最短の時間で救助するには，どのような経路で移動したらいいだろう．これがライフセーバーの問題だ．

図7・23 ライフセーバーの道筋．

CHAPTER7　ブラックホールの光学

　砂浜を走る速さと海を泳ぐ速さはが同じなら話は単純で，直感的にもわかるように，Ｗ地点からＣ地点まで真っ直ぐ進めばいい．しかし実際は，砂浜を走る速さの方が海を泳ぐ速さより速い．このときには，ライフセーバーは，Ｗ地点から波打ち際のＰ地点までは少しずれた方向を向いて走り，Ｐ地点からＣ地点までは子供の方向を向いて泳ぐのがベストである．このような曲がった経路を辿ることによって，移動速度の速い砂浜の道のりが長めに，速度の遅い海中の道のりが短めになり，その結果，到達時間を最短にできるのだ．

　ま，これは，もちろん，あくまでも数学的にはの話であって，実際には，子供を見失わないためにも，子供めがけて真っ直ぐ走るだろうけど（笑）．

　このライフセーバーの問題は，光の屈折の話と原理は変わらないのである．光速は３０万kmと言うが，これは真空中の値であって，物質の中では光の速さは遅くなることがわかっている．そして空気中の光速はほとんど真空中の光速と同じだが，水中の光速は空気中より遅くなる．そのために，空気と水の境目で屈折した方が，空間的な経路は長くても，時間的には最短時間で到達する道筋になっているのだ．

　では，光線はどこで曲がればいいのだろう？　ライフセーバーは，自分の走る速さや泳ぐ速さ，長年の勘などから，曲がるべきＰ地点を決められるだろう．しかし，光は自分の経路をどうやって決めているのだろう？

　光が進む経路は最短時間の経路である，という原理は，「フェルマーの原理」と呼ばれている．フェルマーの原理も，自然界の基本的な原理の１つであり，証明はできない．しかしながら，自然界は，とにかく楽しよう楽しようという根本原理に支配されているようにみえる．光線の道筋も，まさに最もタイムロスのない楽な道筋なのだ．そして，フェルマーの原理は，水と空気のような媒質の違う場合だけでなく，ブラックホールなどの重力場中でも成り立っている．すなわち，ブラックホールのまわりでの光線の経路も，到達時間が最短になる経路として定まっているのである．

CHAPTER 8
ブラックホールをねらえ！

　本書では，ブラックホール宇宙物理について，基本的な問題をさまざまな角度から紹介してきた．最後に，相対論とブラックホール物理学のおさらいとして，銀河系中心への調査旅行とブラックホール調査旅行をしてみよう．

　銀河系の中心には，巨大なカーブラックホールが存在している．そしてその周囲を光り輝くガスの円盤が取り巻いており，さらにガス円盤に垂直方向には高温プラズマのジェットが吹き出している．銀河系中心は，高エネルギーの嵐が渦巻く宙域になっているのだ．そんな場所へのツアーだ．

8.1　銀河系中心探査ツアー

1）旅立ち

　時に西暦 2179 年，地球周回軌道で建造されていた深宇宙探査船 ─ アインシュタイン生誕 300 年を記念してアインシュタイン号と名づけられた ─ が，いままさに進宙しようとしている．アインシュタイン号は，これから数ヶ月かけて船内の艤装をほどこし，時空の謎を解明するために，驚異と神秘に満ちた宇宙へ向けて数万年に及ぶ探査行に旅立つのだ（図 8・1）．

　探査船から周囲を見ると，この時代，地球周辺には無数の衛星や宇宙ステーションが存在していて，いくつかは視認できるほどだ．また眼下には，青白く輝く母なる惑星地球が，視野の大半を占めている．アインシュタイン号やアインシュタイン号を生ん

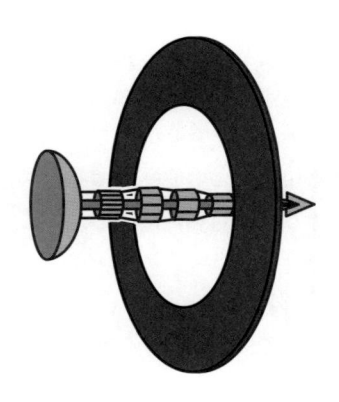

図 8・1　アインシュタイン号．

だ人類が現れるより遥かな昔から変わらぬ姿で，アインシュタイン号の 100 名にのぼる乗組員を祝福してくれているようだ．

アインシュタイン号は，全長が 1 km にも及ぶ巨大な宇宙船だが，距離感の掴めない宇宙空間では細長い銀色のペンシルのように見える．しかし目を凝らしてよく見ると，銀色のペンシルには，あちこちに針のような突起が付いていたり，ペンシルを取り巻くリングがあったり，先頭にはラッパ状の構造物がついていたり，ずいぶん複雑だ．アインシュタイン号は，太陽系空間では核パルス推進で航行し，十分スピードが上がったら，ラムジェット推進に切り替えるのだ．

空気のない宇宙空間を飛ぶ宇宙船は，基本的には，燃料（推進剤）を自分で運ぶ必要がある．例えば，液体燃料ロケットではケロシンと酸化剤を燃焼室で燃焼させ，高温になったガスをノズルから噴出して飛ぶ．また核パルス推進では，宇宙船の尾部に打ち出した水素の微小ペレットをレーザー核融合させ，その反動で進む．しかし，アインシュタイン号のように，あまりにも遠大な距離を航行する宇宙船の場合，必要とする燃料をすべて持参するとなると，とてつもない量になる．そこで，宇宙空間から燃料を補給するラムジェット推進が採用されている．すなわち，宇宙空間と言っても，完全な真空ではなく，平均的に1立方センチメートルぐらいの体積に 1 個ぐらいの水素原子が浮遊している．水素原子はまさに宇宙船の燃料に他ならない．そこで宇宙船の前方に巨大な磁場を広げ，宇宙空間の水素原子を宇宙船内部へ取り込み，核融合させて尾部から噴出して進む．銀色のペンシルのラッパ状の構造物は，磁気漏斗を広げるための構造物なのである．

地球を出発してから約 20 年，アインシュタイン号は，ついに，目的地である銀河系の中心へ到達した．地球ではすでに，28000 年は経っているだろう．そう，相対論的時差のために，地球時間と船内時間は大きくずれてしまったのだ．

2）**時空航路**

さて，太陽系から銀河系の中心まで，およそ 28000 光年ほどだ．星間ラムジェット推進型の宇宙船，いわゆるラムシップは，理論的には一定の加速を続けることができる（実際には宇宙塵などの存在により加速は頭打ちになる）．

8.1 銀河系中心探査ツアー

例えば1Gの加速で数光年ほど進めば，宇宙船の速度はほぼ光速になるので，宇宙船は，太陽系から銀河系中心までの全区間をほぼ光速で飛翔すると考えて差し支えない．したがって，宇宙船が銀河系中心に到達するまでに，28000光年を光速で割って，地球では約28000年経過することになる（地球時間）．一方，宇宙船の内部では，相対論的な時間の遅れのために，約20年しか経過しないのだ（船内時間）．

ところで，宇宙船の人間から見たときは，28000光年を（船内時間の）20年で踏破するわけだから，光速の1400倍もの超光速で進んだことになるのだろうか？ 速度は進んだ長さをかかった時間で割って得られる．このことは当たり前みたいだが，相対論では時間と空間が共に連動して変化するので，注意しないといけない．すなわち，宇宙船内で考えるときには，太陽系から銀河系中心までの距離も，船内のモノサシを使って測らなければならない．そして，高速で飛んでいる宇宙船内において，地球と銀河系中心の距離を測定すると，28000光年よりも遥かに短く見えるのである（「ローレンツ＝フィッツジェラルド収縮」と呼ばれる）．高速で飛行する宇宙船内では，船内時間も短くなるが，踏破する距離も短く観測されるために，結果的に，船内で計測した宇宙船の速さも，光速を超えることはない．

以上の銀河系中心までの旅を，ミンコフスキーダイアグラムを示してみよう（図8・2，表8・1）．地球から銀河系中心までの距離は28000光年で，地球から出発した宇宙船は14000光年先の中間点までは1Gの加速を続け，中間点から銀河系中心までは1Gで減速するとする．

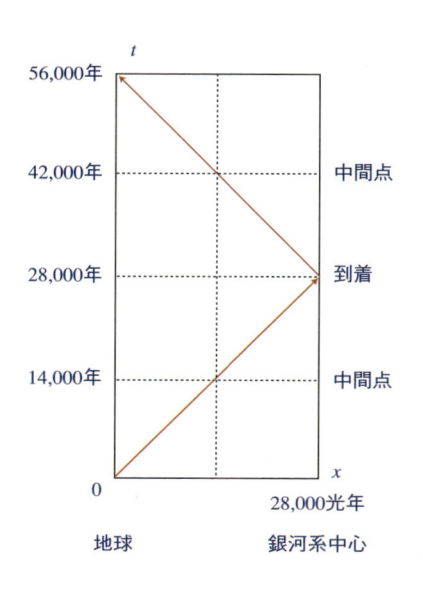

図8・2　銀河系中心ツアーのミンコフスキーダイアグラム．

図 8・2 は，ミンコフスキーダイアグラムで表した銀河系中心までの往復旅行だ．1G で加速を続けると数光年も進めば光速の99％を超えるので，出発時や到着時を除いて，ほとんどの区間は，ほぼ光速で運動していることになる．また表 8・1 は，特殊相対論を使って計算したタイムテーブルで，地球出発から銀河系中心到着までの地球時間 t，進んだ距離 x，宇宙船の速度 v，そして船内時間 τ の具体的な数値である（帰りは省略）．ミンコフスキーダイアグラムと揃えるために，時間の並びは，一番下が地球出発で，一番上が銀河系中心到着という並びにしてある．

表 8・1　1G 加速度での地球から銀河系中心までの旅程

地球時間 t (年)	距離 x (光年)	速度 v (光速)	船内時間 τ (年)	備考
28000	28000	0	19.94	銀河系中心到着
27999	28000	0.72	19.06	
27990	27991	0.99532	17.00	
27900	27901	0.999953	14.77	
27000	27001	0.99999953	12.54	
14000	14000	1	9.97	中間点通過
1000	999	0.99999953	7.40	
100	99.03	0.999953	5.17	
10	9.08	0.99532	2.94	
1	0.42	0.72	0.88	
0	0	0	0	地球出発

加速（減速）している宇宙船は，字義通り，等速直線運動をしている慣性系ではないので，地球とは同等でなくなり，地球時間よりも船内時間の方が遅れる．慣性系でないなら特殊相対論の対象外（一般相対論が必要）かと言えば，必ずしもそうではない．すなわち時空そのものは平坦なので，上手に工夫すれば，一定加速度で加速したり減速したりする宇宙船を特殊相対論で扱うことができる．特殊相対論で扱える等速で動く宇宙船の速度を少しずつ変化させていくのだ．実際に，1G 加速の銀河系中心までの旅を等速運動で近似したダイアグラムを，図 8・3 に示す（帰りは省略）．この例では，地球から銀河系中心までを 10 の区間にわけて，各区間では宇宙船は等速で運動し，区間の境目で速度を変えるとしてある．したがって，宇宙船の軌跡（世界線）は直線をつない

8.1 銀河系中心探査ツアー

だものになっている．

横軸は地球からの距離 x，縦軸は地球時間 t だが，縦軸の目盛りは等間隔ではない．右側の数字は，各区間での宇宙船の設定速度 v と船内経過時間 τ で，区間の境目の数字は，累積した船内時間 τ を示す．厳密なタイムテーブル（表 8・1）に近くなるように速度などは調整してあるが，近似計算のために，表 8・1 とは少しずつ数値は異なる．区間の数を増やしていけば，1G 加速の正しい値に近づく．

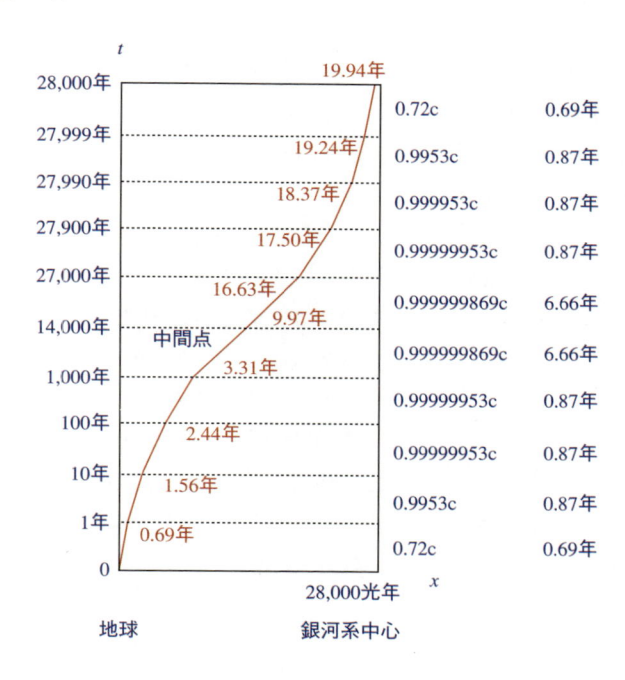

図 8・3　近似ダイアグラム．

大事なのは，こういう荒い近似でも，地球時間と船内時間の時差が生じるという点で，確かに船内時間の方が遅れることがわかる．結局，双子のパラドックスはパラドックスではなく，ウラシマ効果のみが存在する．

3）旅行プラン

最後に，銀河系中心への時空の旅の，いろいろな旅行プランをまとめておこ

う．

【標準ビジネスプラン】

　ふつうの方には，先に述べた，中間点までは 1G 加速，その後 1G 減速して銀河系中心に到着するアライバル方式がお勧め．銀河系中心に到着するまでは，地球時間で 28000 年かかるが，船内時間では約 19.78 年ですむので，人の一生の間にはなんとか往復旅行ができる．

【片道ワンウェイプラン】

　銀河系中心で停止することは考えずに，ずっと 1G で一定加速していき，銀河系中心を通過するフライバイ方式．銀河系中心をフライバイする時点で，地球時間は 28000 年だが，船内時間は 10.64 年経過している．船内時間に限れば，標準ビジネスプランの半分の時間ですむ．

【安全快適デラックスプラン】

　宇宙船の速度が光速に近くなるほど，微粒子の衝突などによる危険が急激に高くなるので，一定の巡航速度で飛行する巡航区間をはさむプラン．例えば，巡航速度を光速の 90% としよう．加速が 1G の場合，地球時間で 2 年（船内時間で 1.43 年）加速すると $0.9c$ に達する．このとき，距離はまだ 1.26 光年しか進んでいない（同じだけの減速区間が必要）．この加速減速区間の距離は，28000 光年に比べれば小さいので，巡航区間はほぼ 28000 光年で，それを $0.9c$ で踏破するには，地球時間も船内時間も，共に，約 31000 年かかる．乗組員はコールドスリープしなければならないだろう．一昔前の豪華客船を使った世界一周旅行のように，デラックスだけど退屈な旅になりそうだ．

【超特急エクスプレスプラン】

　とても急ぐ人向けには，ちょっとハードな 10G 加速の旅行プランもある．加速の大きさ以外は標準ビジネスプランのアライバル方式だと，船内時間では約 2.4 年で銀河系中心に到達できる．高加速をしのぐために浮力槽で過ごす必要があるだろう．肉体をサイボーグ化するか電脳領域に精神をダウンロードすれば，もっと高加速・短時間で到達することもできるかもしれない．

8.2 ブラックホール探査ツアー

1) 到着

　地球を出発して 20 年．銀河系の中心に到達したアインシュタイン号の目の前に，超巨大なブラックホールが現れた．銀河系の中心に超巨大なブラックホールがあることは，20 世紀末から知られていて，その質量は太陽の 370 万倍くらいあると見積もられていた．またクェーサーなど活動的な銀河の中心にも，典型的には太陽の 1 億倍もの質量をもつ超巨大なブラックホールが鎮座していると考えられている．

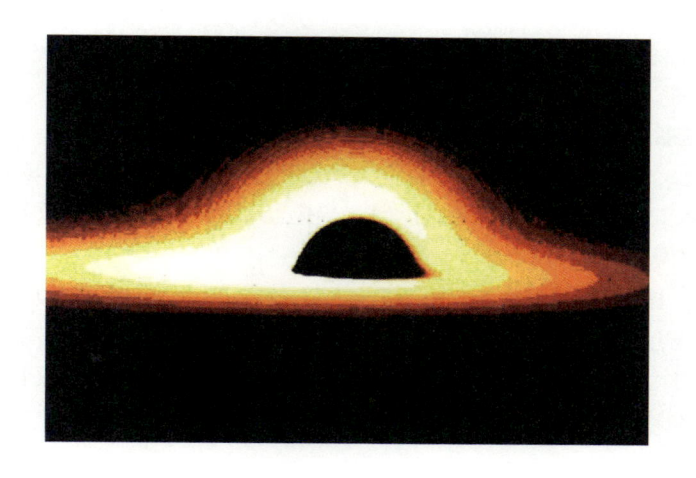

図 8・4　超巨大ブラックホールと周辺のガス円盤．

　ブラックホールのまわりでの時間の遅れの割合は，ブラックホールの地平面に近づけば近づくほど大きくなる．シュバルツシルト半径を単位としたブラックホールからの距離を r，そこにいる人の時間（固有時間）を τ，遠方にいる人の時間（地球時間）を t とすると，時差は表 8・2 のようになる．

CHAPTER8 ブラックホールをねらえ！

表 8・2 ブラックホール旅行の時差

距離 r	固有時間 τ	地球時間 t
100 r_g	1 秒	1 秒
10	1	1.005
5	1	1.118
4	1	1.155
3	1	1.225
2	1	1.414
1.5	1	1.732
1.1	1	3.317
1.01	1	10.05
1.001	1	31.64
1.0001	1	100.00
1.00001	1	316.23
1.000001	1	1000.00

2）探査船の軌道

　ブラックホールやそのまわりの時空を現場で調査するときには，実際には，探査船で可能な限りできるだけ近くまで接近し，それ以上は使い捨ての探査プローブを使うことになるだろう．

　まず，探査船で近づける範囲だが，ブラックホールの地平面の内側はもちろん無理としても，地平面までならいくらでも近づけるかというと，単純にそういうわけにもいかない．探査船の軌道によっても状況は違うので，以下の 3 つの場合を考えてみよう（図 8・5）．

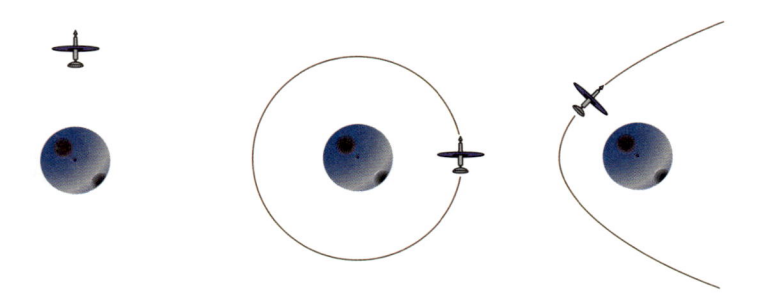

図 8・5　探査船の軌道．
左：ホバー軌道．中：ケプラー円軌道．右：フライバイ軌道．

8.2 ブラックホール探査ツアー

（1）ホバー軌道

まず単純なのは，ブラックホールの上空で静止して浮かぶ「ホバー軌道」だ．これはブラックホールの上空で，ブラックホールから反対方向に船首を向けた探査船が，一所懸命噴射をしながら何とか吸い込まれずにいるという，文字通り宙づり状態の軌道を表している．

もし，ブラックホールから脱出するようにきわめて強く噴射しながら，ブラックホールの地平面に向けて少しずつ近づいていくならば，原理的には，ブラックホールの表面にいくらでも近づくことが可能だ．実際，ブラックホールの地平面からの脱出速度が光速なのだから，地平面よりもほんの少しでも外側でありさえすれば，脱出速度は光速よりも小さい．しかし，これはあくまでも原理的には可能だ，という話であって，ブラックホールの上空で噴射しながらプカプカ浮かび続けるためには，とてつもなく強力なエンジンと無尽蔵までの量の燃料が必要になるだろう．

というわけで，ホバー軌道は現実的ではない．

（2）ケプラー軌道

次は周回軌道だ．天体の周回軌道に入る，というのは，ふつうは，その天体のまわりを円軌道を描いて回る状態になったことを指す（楕円軌道でも構わないが，ここでは簡単のために円軌道としよう）．この円軌道を「ケプラー軌道」と呼ぼう．

ニュートンの万有引力の法則では，天体に近いほど重力が強くなるが，速く回りさえすれば，いくらでも天体に近い軌道を周回することが可能であった．しかし，一般相対論では，ブラックホールにあまり近づくと，ケプラー軌道が不可能になる．なぜなら，エネルギーと質量が等価であるというアインシュタインの式によって，周回軌道を回転運動している探査船は，運動エネルギーに等価な質量の分だけ，その質量が増加した状態になっているからだ．質量が増加してみえるということは，それだけ重力が強くなるということでもあるのだ．そして，周回軌道がブラックホールに近づくほど，ブラックホールの重力に釣り合うための回転速度も速くなり，運動エネルギーも大きくなって，"運動エネルギーに等価な質量"もどんどん大きくなるのだ．その結果，ある半径より内側では，いくら速く回転しても，運動エネルギーに等価な質量の増加によっ

て遠心力の効果が打ち消されてしまい，円軌道を周回運動することができなくなる．円軌道を維持できる最小の半径 — 最終安定円軌道半径 — は，シュバルツシルトブラックホールの場合，シュバルツシルト半径の3倍になる．すなわち，探査船は，シュバルツシルト半径の3倍より内側では，周回軌道をとることができない．

このように周回軌道では，ブラックホールにあまり近づけないし，またその軌道から離脱して遠方に脱出するのも実は大変である．というわけで，ケプラー軌道もあまり好ましい軌道ではない．

(3) フライバイ軌道

最後の案は，ダッシュアンドアウェイで，「フライバイ軌道」を通ってブラックホールに速攻をかけ，すぐに逃げる方法だ．すなわち，太陽系内の惑星のような楕円軌道や円軌道ではなく，彗星のように放物線軌道や双曲線軌道で，ブラックホールのそばをかすめるのだ．

このフライバイ軌道の利点は，まず，ブラックホールからずっと遠方で静止していた探査船が，ブラックホールに向けて自由落下し，その落下運動の勢いをかってそのまま遠方に離脱すればいいので，基本的にはエネルギーがほとんどいらないということだ．ただし，ブラックホールに吸い込まれないためには，軌道の僅かな誤差も許されない．

また船内は自由落下状態なので，ブラックホールの重力は働かず，強い重力で困ることもない．大きさをもった探査船に対して，潮汐力は働くが，銀河系中心にあるような巨大なブラックホールの場合は，（ブラックホールに比べて宇宙船がとても小さいので）潮汐力で探査船が破壊されることはない．

さらなる利点として，落下の速度が大きく，軌道が円軌道から少しずれているので，ケプラー軌道の場合よりも，ブラックホールに肉薄することが可能になることだ．ただし，軌道運動のエネルギーが質量と等価になる状況は同じなので，やはりブラックホールにいくらでも近づけるというわけではない．フライバイ軌道でぎりぎりに近づける距離は，詳しい計算では，シュバルツシルトブラックホールの場合，シュバルツシルト半径の2倍になることがわかっている（こちらには「限界束縛軌道半径」という名前が付いている）．

8.2 ブラックホール探査ツアー

3）探査プローブ投下

　ブラックホールに近づいた探査船から，ブラックホール時空の性質を調べるために，ブラックホールに向けて，規則正しく光を明滅するプローブを落としてみよう．落下するにしたがい，探査プローブは，ブラックホールによる時空の歪み（時間の遅れと空間の曲がり）の効果を受ける．また（自由）落下運動では，落下速度が高速になるために時間の遅れの効果はもっと強くなる．これらの結果，光のリズムの間隔はどんどんゆっくりになるはずだ．光の振動数が小さくなると波長が伸びるので，明るさも赤い方へシフトして暗くなり，最終的には視界から消え去っていくだろう．

　明滅するプローブの様子を遠方から観測していると，ブラックホールに落下する光る球の時間が無限に伸びていくようにみえるので，原理的には，光る球は，無限の時間がかかって事象の地平面に近づき，事象の地平面に凍りつくようにみえる．しかし，現実的には，急激な赤方偏移のために，実質的には自由落下のタイムスケールで観測できなくなるはずだ．

　具体的には，例えばブラックホールの質量が太陽の10倍だと，シュバルツシルト半径の10倍から落としたときは0.002秒で，1000倍から落としたときでさえ2秒ほどで視界から消え去るだろう．銀河系の中心などのようにブラックホールの質量が大きいと，落下時間も長くなる．ブラックホールの質量が太陽の1億倍のときの落下時間を表8・3に示してみた．距離はシュバルツシルト半径の何倍かで，またいろいろな軌道の周回時間も共に示してある．

表8・3 探査プローブの落下時間

距離	ケプラー軌道 周回時間	フライバイ軌道 周回時間	プローブの落下時間 （自由落下）
1000 r_g	8.9 年	6.3 年	1.0 年
100	101.0 日	73.0 日	11.6 日
10	72.0 時間	52.4 時間	8.78 時間
3	9.07 時間	7.40 時間	1.44 時間
2	3.49 時間	3.49 時間	0.79 時間

（上の数値はブラックホールの質量が太陽の1億倍の場合で，銀河系中心の少し小ぶりなブラックホールでは，上の値の10分の1から20分の1ぐらいになる）

CHAPTER8 ブラックホールをねらえ！

　表からわかるように，先ほどのフライバイ軌道で太陽質量の 1 億倍のブラックホールを周回した場合，ブラックホールの近傍（シュバルツシルト半径の 2 倍ぐらいの距離）に滞在する時間は，だいたい 3.5 時間になる（銀河系中心のブラックホールだと 15 分ぐらい）．またブラックホールに最接近したときに落とした探査プローブの落下時間は，50 分弱になる（銀河系中心のブラックホールだと 3 分強）．なかなか慌ただしい調査になりそうだが，あらかじめプログラムしたコンピュータがやってくれるだろう．

　銀河系中心の探査を済ませたアインシュタイン号が地球へ帰還する日がきた．このまま直帰するなら，アインシュタイン号が帰郷したときには地球では 56000 年も経過しているはずだ．地球の人々は星からの帰還者を覚えていてくれるのだろうか？　そもそも人類は残っているのだろうか？　もしかしたら，アインシュタイン号は，さらなる謎を求めて，ワームホールを通り別の宇宙へ旅立つかもしれない．

参考文献

ブラックホール本は多いので，印象に残った本と自著を中心に少しだけ挙げておく．

● 入門書

石原藤夫『SF 相対論入門』講談社ブルーバックス（1971年）．

今枝国之助・今枝真理『ブラックホール物理学』講談社ブルーバックス（1982年）．

石原藤夫『銀河旅行と一般相対論』講談社ブルーバックス（1986年）．

福江　純『アインシュタインの宿題』大和書房（2000年），光文社文庫（2003年）．

福江　純『100歳になった相対性理論』講談社（2005年）．

Kaufmann, W.J. "The Cosmic Frontiers of General Relativity", Penguin Books, 1977.

● テキスト

佐藤文隆／R・ルフィーニ『ブラックホール』中央公論社（1976年）．

ランダウ＝リフシッツ『場の古典論（原書第 6 版）』（恒藤敏彦・広重　徹訳）東京図書（1978年）．

杉本大一郎編『星の進化と終末』（現代天文学講座 7）恒星社厚生閣（1979年）．

松田卓也編『宇宙とブラックホール』（現代天文学講座 10）恒星社厚生閣（1980年）．

福江　純『ブラックホールの世界　目で視る相対論 I』恒星社厚生閣（1990年）．

福江　純『スターボウの世界　目で視る相対論 II』恒星社厚生閣（1991年）．

戸田盛和『相対性理論 30 講』朝倉書店（1997年）．

あとがき

　恒星社の故佐竹社長さんと片岡さんが来京されてお会いしたのが，ミレニアム 2000 年の 5 月 23 日だった．話をうかがうと，恒星社では天文学に関する新しいシリーズ（後日，アインシュタインシリーズと名づけられた）を計画していて，僕にも執筆して欲しいとのこと．業界人間としては大変ありがたい企画なので，即断で受けることにした．また，個人的にも，相対論に関する一般書『アインシュタインの宿題』（大和書房）を出したばかりで，ブラックホール宇宙物理に関するもう少し先のレベルのテキストを書きたいと考えていたこともあり，内容についてもすぐに決まった．

　西暦 2000 年は，資料整理や全体の構成さらに各章のアウトラインなどを練っているうちに瞬く間に終わってしまった．21 世紀の 2 月から本格的な執筆に取り掛かったが，ラフな第一稿ができた 3 月時点で，とても一冊におさまらないことが判明する．削るか増やすか悩むところもあったが，分冊があっても構わないということだったので，ブラックホール宇宙物理についても，"基礎編"と"応用編"にわけさせてもらうことにした．

　今回，新しくチャレンジしたのは，下絵（イラスト，説明図，グラフ，写真）をすべてデジタルで用意したことである．そのために，思わず絵の作成に手間どったが，それなりに楽しかった．プログラムは，以前作ったものは MS-DOS 用だったので Windows で走るように移植し，また必要に応じて今回新しく作成した．面倒ではあったが，これもまたブラックホールの視覚化ができて嬉しかった．光円錐やブラックホールの見かけの大きさなど，以前からの懸案を片付けたものもあるが，ブラックホールに落下するときの眺めとか，ブラックホールから見上げた星空の眺めなどは，今回も宿題が残ったようだ．

　本書を手に取っていただいたすべての方に感謝すると共に，ブラックホールの世界は，ここから先が面白いのだから，ここで止まらずに先へ進んでいただきたいと願う．

　　2005 年 4 月

　　　　　　　　　　　　　　　　　京都吉田山山麓にて　　福江　純

☆著者紹介

福江　純（ふくえ　じゅん）

1956年，山口県宇部市に生まれる．1978年，京都大学理学部卒業．1983年，同大学大学院（宇宙物理学専攻）を修了．現在，大阪教育大学天文学研究室教授．理学博士．専門は相対論的宇宙流体力学，とくにブラックホール降着円盤と宇宙ジェット現象．趣味は，SF，マンガ，アニメ，ゲーム．主な著書に，『ブラックホールの世界』（恒星社厚生閣），『アインシュタインの宿題』（光文社知恵の森文庫），『最新天文学小辞典』（東京書籍），『100歳になった相対性理論』（講談社），『科学の国のアリス』（大和書房）など．

版権所有
検印省略

EINSTEIN SERIES volume6
ブラックホールは怖くない？
ブラックホール天文学基礎編

2005年11月15日　初版1刷発行

福江　純　著

発行者　片岡　一成
製本・印刷　株式会社　シナノ

発行所／株式会社　恒星社厚生閣
〒160-0008　東京都新宿区三栄町8
TEL: 03(3359)7371/FAX: 03(3359)7375
http://www.kouseisha.com/

（定価はカバーに表示）

ISBN4-7699-1030-4　C3044

続々刊行予定　EINSTEIN SERIES
A5判・各巻予価3,300円

vol.1	星空の歩き方	―今すぐできる天文入門	渡部義弥 著
vol.2	太陽系を解読せよ	―太陽系の物理科学	浜根寿彦 著
vol.3	ミレニアムの太陽	―新世紀の太陽像	川上新吾 著
vol.4	星は散り際が美しい	―恒星の進化とその終末	山岡 均 著
vol.5	宇宙の灯台パルサー		柴田晋平 著
vol.6	ブラックホールは怖くない？	―ブラックホール天文学基礎編	福江 純 著
vol.7	ブラックホールを飼いならす！	―ブラックホール天文学応用編	福江 純 著
vol.8	星の揺りかご	―星誕生の実況中継	油井由香利 著
vol.9	活きている銀河たち	―銀河の誕生と進化	富田晃彦 著
vol.10	銀河モンスターの謎	―最新活動銀河学	福江 純 著
vol.11	宇宙の一生	―最新宇宙像に迫る	釜谷秀幸 著
vol.12	歴史を揺るがした星々	―天文歴史の世界	作花一志・福江 純他 著
別 巻	宇宙のすがた	―観測天文学の初歩	富田晃彦 著

タイトル，価格には変更の可能性があります．

恒星社厚生閣の天文学書籍　好評既刊本

ブラックホールの世界
―パソコン・シミュレーション　目で視る相対論Ⅰ

福江　純　著
B5判/120頁/並製/定価2,552円（本体2,430円）
7699-0668-4　C0044/005-00015-00

ブラックホールだとかウラシマ効果といったコトバが一般的に使われている。しかし相対論的な現象はコトバや式では分かりにくい。本書はそんな相対論的不思議ワールドをパソコンのディスプレイ上で視覚化してみせる。9つのテーマのプログラムとその実行例を掲載する。

スター・ボウの世界
―パソコン・シミュレーション　目で視る相対論Ⅱ

福江　純　著
B5判/130頁/並製/定価2,856円（本体2,720円）
7699-0694-3　C0044/005-00016-00

亜光速での時間の伸び・ミンコフスキー空間・亜光速での物体のみえ方・宇宙ジェット・光行差・ドップラー効果・亜光速での星空のみえ方等々の非常に興味深い数々のテーマを，全プログラム・リスト，実行例（カラー写真も含む）付きで易しく解説する。

スペース・コロニーの世界
―パソコン・シミュレーション　目で視る相対論Ⅲ

福江　純　著
B5判/146頁/並製/定価2,940円（本体2,800円）
7699-0805-9　C0044/005-00017-00

天文学・物理学の概念をスペースコロニーというSF的舞台で展開する。コロニー内部の基本的な運動や自由落下，雨の降り方などの力学的現象から，海洋・大気の構造や対流などの流体力学的現象，さらにその波動現象までをシミュレーション。各章で使用した様々なプログラムは弊社ホームページよりダウンロードできる。

SS433伝説
―謎の天体を追う天文学者たちの群像

D.H.クラーク　著
福江　純　訳
A5判/176頁/並製/定価1,890円（本体1,800円）
7699-0622-6　C0044/005-00005-00

本書は SS433 という現代天文学史上きわめてユニークな天体をめぐる物語である。その発見をめぐる科学者達の競争・抗争，息詰まるような興奮のドラマとして，また，超新星や星の進化から，パルサー，銀河に至るまで幅広く近年の天文学の進歩がやさしく書かれている。

新装改訂版　天文計算入門
―球面三角から軌道計算まで

長谷川一郎　著
A5判/304頁/並製/定価2,625円（本体2,500円）
7699-0818-0　C0044/005-00061-00

本書は，これから天文計算をやってみようとする人への入門のためのガイドブックである。三角関数の初歩から平面並びに球面三角法・軌道計算へと，基本的な計算法からやさしく解説する。例題22・計算例57・問題14が収録されており，巻末には問題の解答もつけられている。天文計算を独習するには最適なテキストである。